KE XUE TIAN DI CONG SHU · 科学天地丛书 · I

彩图版

# 自然万千变幻

李 岩 著

Wuhan University Press
武汉大学出版社

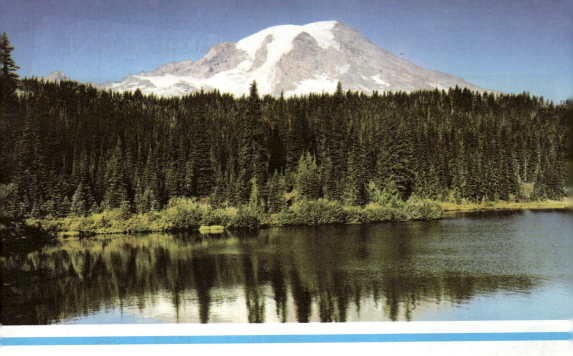

# 前 言
PREFACE

　　科学是人类进步的第一推动力，而科学知识的普及则是实现这一推动的必由之路。在新的时代，社会的进步、科技的发展、人们生活水平的不断提高，为我们广大人民群众的科普教育提供了新的契机。抓住这个契机，大力普及科学知识，传播科学精神，提高科学素质，是我们全社会的重要课题。

　　科学教育，让广大读者树立这样一个牢固的信念：科学总是在寻求、发现和了解世界的新现象，研究和掌握新规律，它是创造性的，它又是在不懈地追求真理，需要我们不断地努力奋斗。

　　在新的世纪，随着科学技术日益渗透于经济发展和社会生活的各个领域，成为推动现代社会发展的最活跃因素，并且是现代社会进步的决定性力量。发达国家经济的增长点、现代化的战争、通讯传媒事业的日益发达，处处都体现出高科技的威力，同时也迅速地改变着人们的传统观念，使得人们对于科学知识充满了强烈渴求。

对迅猛发展的高新科学技术知识的普及，不仅可以使广大读者了解当今科技发展的现状，而且可以使我们树立崇高的理想：学好科学知识，为人类文明作出自己应有的贡献。

为此，我们特别编辑了这套《科学天地丛书》，主要包括科技、科学、兵器、宇宙、地球、自然、动物、植物、生理和医疗等内容，知识全面，内容精炼，图文并茂，形象生动，通俗易懂，能够培养我们的科学兴趣和爱好，达到普及科学知识的目的，具有很强的可读性、启发性和知识性，是我们广大读者了解科技、增长知识、开阔视野、提高素质、激发探索和启迪智慧的良好科普读物，也是各级图书馆珍藏的最佳版本。

# 目 录

**CONTENTS**

# 物理现象

## 佛光

光的自然现象，是阳光照在云雾表面所起的衍射和漫反射作用形成的。佛光是一种非常特殊的自然物理现象，其本质是太阳自观赏者的身后，将人影投射到观赏者面前的云彩之上，云彩中的细小冰晶与水滴形成独特的圆圈形彩虹。

## 自燃

指可燃物在空气中没有外来火源的作用，靠自热或外热而发生燃烧的现象。自燃可分两种情况，由于外来热源的作用而发生的自燃叫做受热自燃；某些可燃物质在没有外来热源作用的情况下，由于其本身内部进行的生物、物理或化学过程而产生热，这些热在条件适合时足以使物质自动燃烧起来，这叫做本身自燃。

### 影子

由于物体遮住了光线，光线在同种均匀介质中沿直线传播，不能穿过不透明物体而形成的较暗区域，形成的投影就是我们常说的影子。影子的形成要有光和不

透明物体两个必要条件，影子可分为本影和半影两种。仔细观察电灯光下的影子，还会发现影子中部特别黑暗，四周稍浅。影子中部特别黑暗的部分叫本影，四周灰暗的部分叫半影。

如果在茶叶筒旁点燃两支蜡烛，就会形成两个相叠而不重合的影子。两影相叠部分完全没有光线射到的是全黑的，这就是本影；本影旁边只有一支蜡烛可照到的地方，就是半明半暗的半影。如果点燃三支甚至四支蜡烛，本影部分就会逐渐缩小，半影部分会出现很多层次。

### 音障

一种物理现象，当物体的速度接近音速时，将会逐渐追上自

己发出的声波。声波叠合累积的结果，会造成震波的产生，进而对飞行器的加速产生障碍，而这种因为音速造成提升速度的障碍称为音障。

突破音障进入超音速后，从航空器最前端起会产生一股圆锥形的音锥，在旁观者听来这股震波有如爆炸一般，故称为音爆或声爆。

## 电光火球

又叫球状闪电。电光火球与雷电是截然不同的，它是独立存

在的有一定稳定性的等离子态发光体，不是高压放电现象。内部没有电流的存在，其光柔和而不刺眼，在运动过程中无声无息，只是在消失时往往伴随着爆裂，并产生刺鼻的臭氧和亚硝酸气味。

电光火球出现时常漂浮在离地面不远的空中，接触地面后常反弹起来，被接触的物质会被烧焦。科学家们从150年前就开始研究这种罕见的自然现象，但在理论上直至如今也不能很好地加以解释。

### 流体状态

流体在运动的过程中，各质点完全沿着管轴方向直线运动，质点之间互不掺混、互不干扰的流动状态称为层状流动，简称为层流。如果运动着的质点不仅沿着管轴方向进行直线运动，还伴有横向扰动，质点之间彼此混杂，流线杂乱无章，这种流动状态称为紊流。锅炉中，实际流体如水、烟气、空气等的流动状态都是紊流。只有黏性较大的液体，如重油、润滑油在低速流动中才会出现层状流动。

液体的流动状态，在不同场合会有不同的利与弊。如流体为紊流状态时，由于分子间扰动强烈，对增强传热有利，但由于是紊流，必然要增大流动阻力而增加能量损失。

## 光的直线传播

光在同种均匀介质中沿直线传播，通常简称为光的直线传播。它是几何光学的重要基础，利用它可以简明地解释成像问题。人眼就是根据光的直线传播来确定物体或像的位置的，这是物理光学里的一部分。我们的祖先制造了圭表和日晷，测量日影的长短和方位，就是利用光的直线传播这一原理。

## 相对临界速度

第一宇宙临界速度，即航天器沿地球中心或表面某点做圆周运动时必须具备的速度，也叫环绕速度。要做到这一点，必须依仗多级火箭不断助推才行。我们也可以把在太空中围绕地球运行的航天器的速度与地球运动速度的差值，或者两个物体达到互为脱离引力的速度，都称相对临界速度。

## 小知识大视野

我们身边的物理现象：从高处落下的薄纸片，即使无风，纸片下落的路线也曲折多变；冰冻的肉在水中比在同温度的空气中解冻得快；有雪的路面撒些食盐溶化得快；打雷时，先看到闪电，后听到雷声。

# 地理现象

## 海潮

是由于月球和太阳的引潮力作用，使海洋水面发生的周期性涨落现象。例如，当月亮和太阳与地球成一条直线时，月亮和

太阳对地球的引潮力加在一起，引起不同寻常的海潮，这种海潮称为大潮；当月球和地球与太阳和地球这两条连线成直角时，引潮就弱，这种潮叫做小潮。

## 温泉

泉水的一种，是一种由地下自然涌出的泉水，其水温高于环

境年平均温度50摄氏度，可以洗澡、煮鸡蛋等。形成温泉必须具备地底有热源存在、岩层中有裂隙让温泉涌出、地层中有储存热水的空间三个条件。

## 地下虹吸

这是地下暗河的一种特殊现象。

水流在特定位置遇到河道突然变小，水流下泄受阻，产生快速水流。这种情况下水流的动能很大。科研人员在科学考察过程中有时会遇到这种自然现象。遇到这种情况时，不能强行进入，否则会被强劲、快速的水流吸入地下深处，危及生命。

## 青海沙漠怪圈

2011年8月22日。在我国青海省德令哈地区出现一个巨型"沙漠怪圈"。据当地目击者称，一夜之间在沙化的牧场上突然出现了一个直径近

2000米的巨型圆环图案，怪圈不但是规则的圆形，其中还有复杂对称的图案，图案的边缘相当的精准。此怪圈比一般40米至200米直径的"麦田怪圈"要大很多，也更为壮观。目前，怪圈事件还无法得出一个合理的解释，但我们相信，在不久的将来随着科技的发展我们一定会解开怪圈之谜。

17世纪以来，"麦田怪圈"的起源争论就不绝于耳。近日，媒体报道俄罗斯又出现"麦田怪圈"，这是全球每年出现的250个"麦田怪圈"中的最新发现，再次引起关注。科学家已经证实，80％的"麦田怪圈"是人为制造的。

### 尼拉贡戈熔岩湖

由溢出的熔岩在火山口或火山口洼地内长期保持液态而成的湖。由于结晶缓慢，岩石结晶程度明显增高，下部与火山通道相连，岩石可达全晶质。多由流动性较强的玄武质岩石组成，面积一般不大。尼拉贡戈火山口深处沸腾的熔岩湖是世界上最大的熔岩湖，湖深约396米，是非洲大陆最令人惊异的自然奇观之一。尼拉贡戈熔岩湖作为世界上最大的熔岩湖，被称为地球的魔鬼"肚脐眼"。

## 地下湖

又称暗湖，指在天然洞穴中，具有开阔自由水面的比较平静的地下水体。它往往和地下河相连通，或在地下河的基础上局部扩大而成，起着储存和调节地下水的作用。如云南六郎洞、广西都安拉通。欧洲最大的地下湖是奥地利游览胜地之一，被誉为"地下童话王国"，坐落在维也纳森林中。此地位于距离维也纳市中心约17千米的维也纳西部亨特尔布旅村，面积为6200平方米。每年吸引15万游客来此参观。

地下湖共分3层，以石灰岩为主要成分。这种灰红的石灰矿在1848至1912年间用来做农业肥料。在第二次世界大战中，希特勒法西斯曾把这里作为地下飞机制造厂。

### 濒海荒漠

因常年受到副热带高气压带控制，盛行下沉气流，空气增温干燥。同时，盛行风从陆地吹向海洋，水汽很少，云雨难以形成，由此形成濒海荒漠。

此外，沿岸海洋中有寒流经过，降温减湿，进一步加剧了气候的干旱程度，使荒漠区一直延伸到海岸边。其中最典型的是南美洲的智利北部和秘鲁沿海地区，荒漠区随强大的秘鲁寒流向北延伸至赤道附近，成为一大自然奇观。

### 赤道雪山

位于赤道附近的非洲坦桑尼亚的海拔为5895米的乞力马扎罗山、位于肯尼亚中部的5199米的巴迪安峰等，因终年白雪皑皑，被称为"赤道雪山"。由于地势每升高1000米，气温要下降6摄氏度，海拔近6000米的乞力马扎罗山顶部气温要比山脚低近30摄氏度，因而山上形成终年积雪。近年来因气候变暖，乞力马扎罗山顶积雪融化严重。环境专家预测，乞力马扎罗山顶积雪可能在2015年至2020年间彻底消失。

### 极圈花园

北欧的冰岛虽然位于北极圈附近，但并不是一个终年冰天雪地和气候奇寒的国度，实际上全国仅有10%左右的面积为冰川所覆盖。由于受北大西洋暖流的影响，冰岛气候相对比较温和湿润，夏季凉爽宜人，冬季则比较暖和，所以人称冰岛为"极地花园"。

冰岛是世界温泉最多的国家，所以被称为"冰火之国"。全岛约有250个碱性温泉，最大的温泉每秒可产生200升的泉水。冰岛多喷泉、瀑布、湖泊和湍急河流，最大河流锡尤尔骚河长227千米。冰岛属寒温带海洋性气候，变化无常。因受北大西洋暖流影响，较同纬度的其他地方温和。夏季日照长，冬季日照极短，秋季和冬初可见极光。

### 寒暖流交汇的大渔场

寒流和暖流交汇的海区，冷海水上泛处，海水含有丰富的营养盐，有利于浮游生物繁殖。浮游生物的滋长，成为鱼类丰富的饵料。同时，暖水性鱼类和冷水性鱼类都滞留在那里，所以渔业资源丰富。

世界上主要大渔场都位于这些海区。如纽芬兰渔场、北海道渔场、北海渔场、秘鲁渔场及我国的舟山渔场等。

z

## 回归沙漠带上的绿洲

地球上南北回归线附近地区，由于处在副热带高气压带或信风带控制下，盛行热带大陆气团，降水量小而蒸发量大，所以气候干旱。世界上的沙漠多分布在这里，故称为"回归沙漠带"。我国华南地区也处于北回归线上，却形成了典型的季风气候。每年夏季风和台风从海洋上带来大量水汽，造成丰沛的降水，因此这里气候温暖湿润，植被繁茂，赢得了"回归沙漠带上的绿洲"之美誉。

## 澳大利亚报时石

在澳大利亚中部阿利斯西南的沙漠中，有一块巨石高达348米，周长约8000米，早晨旭日东升，阳光普照的时候为棕色；中午烈日当空的时候为灰蓝色；傍晚夕阳西沉的时候为红色。它是当地居民的"标准时钟"，当地居民根据它一日三次的颜色变化

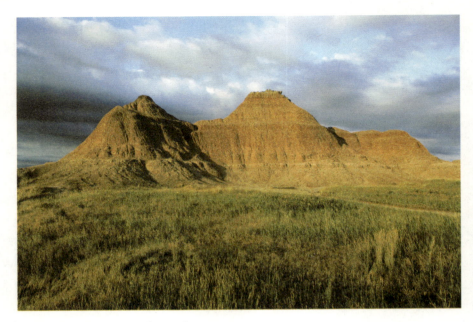

来安排农事以及日常生活。

怪石变幻是由于太阳光在不同的气候条件下活动而产生反射、折射的数量及角度的不同,这种变化反映到人眼,即成为怪石幻形。

### 动物迁徙

我们每年都会从空中看到迁徙的鸟群,春天看到蟾蜍急急忙忙赶往它们的产卵地。到底是什么诱使动物做出如此令人惊叹的迁徙活动? 动物迁徙是指动物由于繁殖、觅食、气候变化等原因而进行一定距离的迁移。候鸟因季节和繁殖每年春季返回繁殖地，秋季迁往越冬地。每种鸟类的迁徙路线不变，一般常沿食物丰富的近水地区迁移。鱼类迁徙可分为：生殖洄游、稚鱼洄游、觅食洄游、季节洄游。哺乳动物也因季节、繁殖和觅食等原因做周期性迁移，如北方驯鹿冬季南迁至针叶林带，春季则返回食物丰富的北方苔原带。

### 农事活动

指农民按照季节气候的规律从事农业生产的活动。传统的农事活动包括春种、夏管、秋收、冬藏。现在的农事活动发生了很大变化，还要包括测土、选种、育苗、施肥、病虫害防治、农作物销售、农业信息等诸多环节和过程。

农事活动已经蕴含了许多现代科技技术手段和方法，使农业的效益产生了巨大变化。如科学家袁隆平的水稻良种培育，已经为世界粮食安全作出了巨大贡献，他的科技成果也成为人类文明发展的一个重要成就。

### 石河

由寒冻风化产生的岩块、岩屑，在重力作用下汇集到斜坡下的沟槽内，碎石沿沟槽缓缓向下移动，形成一条用石头填满的小河，故名石河。石河的运动速度很小，通常年运动速度为0.2米至2米，运动的结果是使岩块搬运至山麓堆积下来。

### 岩崩

就是岩石崩塌，是指陡峻斜坡上的岩石体在重力作用下，脱离母岩，突然而猛烈地由高处崩落下来，堆积在坡脚的地质现象。岩崩灾害广泛发生在各种坚硬岩石中。结构破碎或有软弱夹层的碳酸盐岩、碎屑岩、变质岩尤其容易发生岩崩。大规模岩崩可以摧毁矿山、房屋建筑，阻断交通，造成严重人员伤亡和财产损失。

小知识大视野

生活中的地理现象：冬天天亮得晚，夏天天亮得早，夏天天黑得晚，冬天天黑得早；昼夜长短的变化现象；日出日落的方位冬夏不同的现象；水槽里的水在放的时候在排水口处形成逆时针的旋涡现象等。

# 化学现象

## 虚影现象

人的眼睛在观看近处物体时，远处物体是虚幻的。在观看远处物体时，近处物体是虚幻的。时间久了，会让人分不清物体差距，这种情况称为虚影现象。

## 不翼而飞的酒

液体在任何温度下发生在液体表面的一种缓慢的汽化现象叫蒸发或叫挥发。蒸发既是化学现象，又是物理变化，它是物质由液态变成气态的一个过程。

蒸发在任何温度条件下均可发生，温度越高，蒸发速度越快。酒精是一种无色透明、易挥发的液体，在标准大气压下酒精和水的沸点分别是78度和100度。由于热容比水小，所以酒精就更容易蒸发。因此，以乙醇为主要成分的酒存放时间长了，就会有部分挥发。

### 流泪的咸鸭蛋

有时候，剥咸鸭蛋时会流油，原来蛋类都含有脂肪，这些脂肪90%以上都集中在蛋黄里。当鸭蛋放到盐水里腌制以后，由于蛋黄里脂肪比较集中，盐又使蛋白质凝固，蛋黄里原有的那些微小的小油滴因盐的作用，会凝聚在一起，变成大一些的油滴。当我们切开鸭蛋时，这些油滴就会流出来。人们一般认为，只有这样"流油"的咸鸭蛋才是腌制透了的，吃起来更有味道。

### 厨房里的"催泪弹"

切洋葱会释放出蒜苷酶，它可以将这些有机分子转化成次磺酸。次磺酸又自然地重新组合，形成可以引起流泪的化学物质合丙烷硫醛和硫氧化物。丰富的神经末梢能够发现角膜接触到的合丙烷硫醛和硫氧化物并引起睫状神经的活动，中枢神经系统将其解释为一种灼烧的感觉。而且，此种化合物的浓度越高，灼烧感越强烈。神经活动通过反射的方式刺激自主神经纤维，自主神经纤维又将信号带回眼睛，命令泪腺分泌泪液将刺激性物质冲走。

避免切洋葱时流泪的方法：将洋葱冷冻一段时间，或者把洋葱放在水里浸一下再切，也可把刀放在水里浸一下再切。

### 神秘的"鬼火"

夏天的夜晚，在墓地常会出现一种青绿色火焰。被人们称作"鬼火"。

这是由于人与动物身体中有很多磷，死后尸体腐烂生成一种叫磷化氢的气体。这种气体冒出地面，遇到空气后会燃烧起来。这种火非常小，发出的是一种青绿色的冷光，只有火焰，没有热量。夏天的温度高，易达到磷化氢气体的着火点从而出现"鬼火"。

燃烧的磷化氢可以随风飘动，所以，还会出现"鬼火"跟人走动的现象。

### 绿色的天空

蓝天白云一直是人们脑海里的美丽景象，可是有这样一幅画，却把天空画成了绿色。

这是由于当时画家们绘画所使用的蓝色颜料，是一种叫铜蓝的矿石。这种矿石时间长了，会发生化学反应，变成绿色。

铜蓝是铜矿石矿物，因呈靛蓝色而得名铜蓝，它的化学成分是硫化铜，可以和空气中的水、氧气发生化学反应，生成浅绿色的硫酸铜。因此，用这种颜料画成的图画，时间久了天空就变成了绿色。

### 啤酒喷泉

每升啤酒中都含有5克左右的二氧化碳。在制造啤酒时，通过一定压力把它灌进瓶里。啤酒倒进杯子里会生出许多泡沫，这种泡沫被人叫做啤酒花。

啤酒花的产生和一种叫做二氧化碳的气体有关。在啤酒生产酿造过程中，需要把二氧化碳加以压缩，使它溶解在酒液中，然后装瓶加盖。当喝啤酒时，由于瓶内的压力比瓶外大，一打开瓶盖二氧化碳就纷纷往外冒，产生许多气泡；把啤酒倒进杯子，气泡会冒得更多。二氧化碳不达标的啤酒口味会很差。

### 红色的青苹果

生活还没有到某种水果的成熟季节时，市场上就有鲜红诱人的苹果、黄灿灿的香蕉……你知道这是怎么回事吗？其实这些苹果刚从树上摘下来的时候都是青绿色的，有些商贩为了卖得好，就在水果上喷了一种能够催熟着色的气体叫乙烯，让青苹果瞬间变成红色。乙烯是一种植物生长调节剂，除可以催熟果实外，还是石化工业原料，主要用于制造塑料、合成纤维、有机溶剂等。

## 小知识大视野 ◆◆◆◆◆◆◆◆◆◆◆◆

不粘锅：其之所以不粘食物，是因为锅底涂上了一层特殊物质"特富隆"，其化学名叫聚四氟乙烯，俗名叫塑料王。由于这种化合物具有耐高温、自润滑等优点，故被广泛用于不粘炊具。

天文现象

### 日食

指太阳被月亮遮掩而变暗甚至完全消失的现象。日食主要有日全食、日偏食及日环食三种。无论是日偏食、日全食或日环食，时间都是很短的。在地球上能够看到日食的地区也很有限，这是因为月球比较小，它的本影也比较小而短。

### 日全食

日食的一种，即太阳被月亮全部遮住的天文现象。在地球上月影里的人们开始看到阳光逐渐减弱，太阳面被圆的黑影遮住，天色转暗，全部遮住时，天空中可以看到最亮的恒星和行星。几分钟后，从月球

黑影边缘逐渐露出阳光，
开始生光、复圆。由于月
球比地球小，只有在月影
中的人们才能看到日全
食。

### 日偏食

当月球运行到地球与
太阳之间，地球运行到月
球的半影区时，地球有一部分被月球阴影外侧的半影覆盖，在此
地区所见到的太阳有一部分被月球挡住，此种天文现象就叫日偏
食。日偏食是一种常见的天文现象。

观看日偏食时，要戴上专门观测太阳的眼镜。即使有专门观
测太阳的眼镜，也不宜长时间观测太阳。在看日偏食时，应该一
次观测10来秒钟，休息三四分钟再继续观测，尽量保护眼睛。

### 月食

指当月球运行至地球的阴影部分时，月球和地球之间的地区会因为太阳光被地球遮闭，看不到月球或看到月球缺了一块的天文现象。此时的太阳、地球、月球恰好在同一条直线上。正式的月食的过程分为初亏、食既、食甚、生光、复圆五个阶段。月食可以分为月偏食、月全食和半影月食三种。月食只可能发生在农历十五前后。

### 月偏食

月食的一种。月偏食发生时，月亮就会呈现出一半是白色，一半是古铜色的美丽模样。

月偏食可分为三个阶段：初亏、食甚和复圆。

当月球始终只有部分被地球本影遮住时，就发生月偏食。如果月球进入半影区域，太阳的光也可以被遮掩一些，这种现象在天文上被称为半影月食。但由于在半影区阳光仍十分强烈，多数情况

下半影月食不容易用肉眼分辨，虽然事实上半影月食是经常发生的。

月偏食可以直接用肉眼观察。

### 夜半球

由于地球是个巨大的球体，其本身的密度又很大，不透明，所以受到太阳光的照射时，只能有半个地球被照亮，被照亮的半球称昼半球，其所表现出来的就是我们所说的白天；而另外未被

照亮的半球称夜半球，其所表现出来的就是我们所说的黑夜。

当东半球是昼半球时，西半球就是夜半球，反之亦然。昼半球与夜半球的分界线是以经度表现的晨昏线。由于地球是在不停地自转的，所以晨昏线也是在不停地自东向西变化着。

## 掩星

指一个天体在另一个天体与观测者之间通过而产生的遮蔽现象。一般而言，掩蔽者较被掩者的视面积要大；若相反则称为"凌"，如金星凌日。月球在围绕地球运行期间，经常会掩蔽背景的恒星。由于月球没有大气，恒星的视面积又非常微小，因此，被掩恒星会有近乎一瞬间的消失或重现于月面边缘。行星有时也会掩蔽恒星，行星之间也可互相掩蔽，但是发生的机会极微。木星和土星在公转一周期间，其赤道平面总会有两次机会与地球轨道面平行，这时候从地球便可看到它们的卫星互相掩蔽的现象。

### 天文大潮

指太阳和月亮的引潮合力的最大时期的潮。每当月球移动到和太阳在一条直线上，两天体的引潮力就会作用于同一方向，海水的涨落必然增大。而当太阳、地球和月球成直角时，月球的引力将削弱，形成小潮。在一般情况下其不会引发灾害，但在某些特定环境下会构成水害，如汛期江河水满时。

### 小知识大视野

日食：包括日全食、日偏食和日环食等几种天文现象。

月食：包括月全食、月偏食及半影月食等几种天文现象。

# 季 节

## 春季

一年四季中的第一季。

在我国，春季的开始是在立春，结束在立夏。在欧美，春季从我国的春分开始，到夏至结束。在爱尔兰，2月、3月和4月被定为春季。

在南半球，一般9月、10月和11月被定为春季。

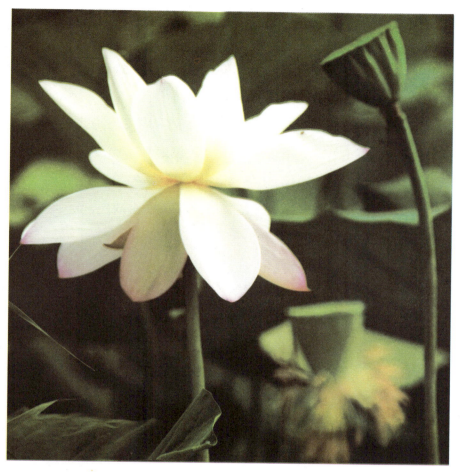

## 夏季

在我国，夏季从立夏开始，至立秋结束。西方人则普遍称夏至至秋分为夏季。

在南半球，一般12月、1月和2月被定为夏季。

从气候学意义上讲：连续5天平均温度超过22摄氏度称作夏季，直至5天平均温度低于22摄氏度称作秋季。在大多数地区夏季是气候炎热、有可能缺水的季节，

### 秋季

太阳直射点从北半球逐渐南移，秋分之后越过赤道，太阳直射南半球。从北半球看来，太阳的角度渐渐变低，昼夜长短差距变小。秋分时，昼夜等长。

气象的物候学标准是：炎热过后，5天平均气温稳定在22摄氏度以下时就算进入了秋季，低于10摄氏度时秋季结束。在我国，秋季从立秋开始，经过初秋、中秋和深秋，到立冬结束。

秋季是收获的季节，很多植物的果实在秋季成熟。

### 冬季

北半球的冬季太阳直射点向南移动到南回归线再折回向北。

在我国，冬季从立冬开始至立春结束。气候学上将平均气温连续5天低于10摄氏度称作冬季。南半球冬季在6月、7月、8月份；北半球冬季在12月、1月、2月份。冬季在很多地区都意味着沉寂和冷清。

生物在寒冷来袭的时候会减少生命活动，有的冬眠；候鸟会飞到较为温暖的地方越冬；很多植物会落叶。很多地方会经历

降雪，有些地方的冰雪到春天才会融化。冬季是最寒冷的季节，即使温带的气温也可能降至0摄氏度以下。

**小知识大视野**

二十四节气：12个节气和12个中气的总称。就是将黄道一周划分为24段，每段大约15度作为一个节气，合成24个节气。每个月有两个节气，在月初的称节气，在月中的叫中气。

## 气象

### 风

　　地球的周围包裹着很厚的一层空气，空气也随着地球旋转。由于受温度以及地球旋转的影响，空气的压力存在不均衡，空气从高压地区移向低压地区就形成了风。

　　就一个具体地区来说，风向在不同的季节会有所不同。我国属于大陆性季风气候，冬天多出现从西北大陆刮向东南的寒冷干旱的季风，夏天多出现从东南海洋刮向西北的温暖湿润的季风。

## 龙卷风

在极不稳定的天气下由空气强烈对流运动而产生的一种伴随着高速旋转的漏斗状云柱的强风涡旋。中心附近风速可达每秒100米至200米，破坏性极强，经过的地方常会发生拔起大

树、掀翻车辆、摧毁建筑物等现象，甚至把人吸走。

## 云

云是停留在大气层上的水滴或冰晶胶体的集合体。云是地球上庞大的水循环的有形的结果。太阳照在地球的表面，水蒸发形成水蒸气，一旦水汽过度饱和，水分子就会聚集在空气中的微尘周围，由此产生的水滴或冰晶将阳光散射到各个方向，就产生了云的外观。

云在不同自然条件的影响下会有各种各样的形态，有的像波涛，有的像奔马，有的像山峰。早晨的云彩

在晨曦的映照下会出现鲜艳的朝霞，傍晚的云彩在夕阳的映照下会出现绚丽的晚霞。云会给人带来无限的遐想。

## 积雨云

夏季到来时，我们常会在天上看到积云，积云如果迅速地向上凸起，形成高大的云山，云底慢慢变黑，云峰渐渐模糊。一会儿，整座云山就会崩塌，天空特别暗，就会"哗啦哗啦"下起暴雨，雷声隆隆，电光闪闪，有时还会带来冰雹或龙卷风。

这种浓厚庞大的云体，垂直发展旺盛，云顶随云的发展逐渐展平成砧状，并出现丝缕状结构的直展云，常伴有雷阵雨，这就是积雨云。积雨云云浓而厚，云体庞大如高耸的山岳，轮廓模糊，有纤维结构，底部十分阴暗，常有雨幡及碎雨云。

## 积云

　　孤立的云，大体浓密而且轮廓显明，垂直伸展如山丘，它的圆形或塔状云顶，有些类似花椰菜。被日光照射部分明亮，云底则较黑暗并近于扁平，有时积云也有破碎现象，云块之间多不相连；由空气对流、水汽凝结而成的云，通常在湿润地区和热带地区出现，有时也会在干燥地区出现。除非积云变成积雨云，否则不会出现阵雨，尤从正午后形成的云堆和积雨云表示阵雨较明显。积云分为淡积云、浓积云和碎积云三类，是一种垂直向上发展的云块。

## 卷积云

　　由形似涟漪或豆粒的小云体组成的白色透明的云片、云条或云层，云的单体视角宽度不超过一度的高云。卷积云约在5500米的高空，常排列成行或成群，很像轻风吹过水面所引起的小波纹，有柔丝般光泽，能透过日、月光。卷积云可由卷云、卷层云演变而成，有时高积云也可演变为卷积云。如果天空中云的分布以卷积云为主，又与卷云、卷层云相互影响，现象发展，常预示将有不稳定的天气系统，将出现阴雨、大风天气。农谚"鱼鳞天，不雨也风颠"即指这样的云天。

### 卷层云

白色透明的云幕，日、月透过云幕时轮廓分明，地物有影，常有晕环，可以部分或全部遮蔽天穹。有时云的组织薄得几乎看不出来，只使天空呈乳白色，有时丝缕结构隐约可辨，好像乱丝一般。我国北方和西部高原地区，冬季卷层云可以有少量降雪。厚的卷层云易与薄的高层云相混。卷层云由冰颗粒形成，看上去像白云的纹路，这是唯一会在太阳或月亮周围产生光晕的云层。卷层云可分毛卷层云和薄幕卷层云。卷层云约出现在5500米至8000米的高空。

### 雷雨云

雷雨云是一大团翻腾波动的水、冰晶和空气。当云团里冰晶在强烈气流中上下翻滚时，水分会在冰晶的表面凝结成一层层冰形成冰雹。这些被强烈气流反复撕扯、撞击的冰晶和水滴充满了静电。其中重量较轻、带正电的堆积在云层上方；重量较重、带负电的聚集在云层底部。当正负两种电荷的差异极大时，就会以闪电的形式把能量释放出来。

雷雨云成熟的标志是伴有雷电活动和降水，当下沉气流在地面形成阵风时，地面温度开始明显下降。一阵电闪雷鸣，狂风暴雨过后，雷雨云就进入消散阶段。

### 层积云

由众多白色或灰色云块组成的低云，常带有阴暗部分，云块单体具有不同形状，但视角宽度大于5度。云底离地面高度常在2000米以下，属低云族。是由片状、团块或条形云组成的云层或散片，有时呈波状或滚轴状，犹如大海波涛。层积云个体肥大，结构松散，多由小水滴组成，为水云，呈灰白色或灰色。在云块较薄处，面向太阳的位置可辨认。层积云又可分为透光层积云、蔽光层积云、积云性层积云、堡状层积云、荚状层积云等。

### 雨

从云中降落的水滴，陆地和海洋表面的水蒸发变成水蒸气，水蒸气上升到一定高度之后遇冷变成小水滴。这些小水滴组成了云，它们在云里互相碰撞，合并成大水滴，当它大到空气托不住的时候，就从云中落了下来，形成了雨。雨的成因多种多样，它的表现形态也各具特色，有毛毛细雨，有连绵不断的阴雨，还有倾盆而下的大雨。

　　雨是人们经常遇到的自然现象，它既是人类生活不可缺少的，有时也给人类带来灾难。

### 冰雹

　　俗称雹子，是雷雨云中水汽凝结和水滴冻结相结合的产物。直径为0.005米至0.1米的落向地面的冰球或冰块叫雹。雹形成需要有强大上升气流的对流云，因此常伴有雷暴。夏季或春夏之交最为常见。

　　雹灾是我国严重的灾害之一，降雹形成的灾害虽然是局部和短时的，但后果严重。降雹会砸坏农作物、房屋，致人畜伤亡。

防御雹灾的主要措施有：一是掌握某地区内冰雹的气候规律，合理安排种植制度；二是植树造林，改善生态环境；三是做好降雹预报。

## 闪电

云与云之间、云与地之间或者云体内各部位之间的强烈放电现象。暴风云产生电荷，底层为阴电，顶层为阳电。正电荷和负电荷彼此相吸，正电荷奔向树木、山丘、高大建筑物的顶端甚至人体之上，负电荷枝状的触角则向下伸展。最后正负电荷终于连接时，巨大的电流沿着一条传导气道从地面直向云层涌去，产生一道明亮夺目的闪光并伴有雷声。

预防闪电的方法：不要站在大树下；不要让自己成为四周最高的物体；放下所有的金属物件；不要使用电话或使用接上插头

自然万千变幻

的电器；远离门窗、金属管道和炉灶、烟囱。

### 露、霜、雾

夜间，地面上的草、木、石块等物体由于向外辐射热量，温度逐渐降低，当温度降至露点时，地面物体附近空气中的水蒸气便达到饱和。若露点高于0摄氏度，水蒸气可在地面物体的表面上凝结成小水滴，形成露；若露点低于0度，水蒸气在地面物体的表面上直接凝结成小冰粒，形成霜；如果在夜间，不仅地面上物体的温度降到了露点以下，而且地面以上稍远处的空气温度也降到了露点，那么空气中的水蒸气将以尘埃为核心凝结成细小的水滴，形成雾。露、霜和雾都不是从天而降的，而是地面附近空气中的水蒸气达到饱和时直接凝结而成的。

## 雪

水在空中凝结再落下的自然现象，也叫雪花，是水的固态形式之一。雪只会在很低的温度及温带气旋的影响下才会出现，因此亚热带地区和热带地区下雪的机会较小。雪花多呈六角形，花样之所以繁多，是因为冰的分子以六角形为最多。对于六角形片状冰晶来说，由于它的面上、边上和角上的曲率不同，相应地具有不同的饱和水汽压，其中角上的饱和水汽压最大，边上次之，平面上最小。

## 彩虹

在炎热的夏天，一阵暴雨过后，有时我们能看见一条七色的彩环横跨南北悬挂在空中，这就是虹。有时在虹的外侧还能看到第二道虹，光彩比第一道虹稍淡，称为霓。虹是由大气中的小水珠经日光照射发生折射和反射而形成的，其中有赤、橙、黄、绿、青、蓝、

紫七种颜色，因此又称彩虹。虹常发生在雨后，出现在与太阳相对的方向。

## 霞

在日出和日落前后，天际有时被染成红或橙红色的艳丽色彩，这就是霞。出现在早晨的叫朝霞，出现在傍晚的叫晚霞。由于霞的颜色和鲜艳程度与大气中水汽的含量和尘埃多少有关，因此，"早霞不出门，晚霞行千里"，就是说早霞预兆雨天，晚霞预示晴天。

## 小知识大视野

天气现象：是指在大气中发生的各种自然现象，即某瞬时内大气中各种气象要素，如气温、气压、湿度、风、云、雾、雨、雪、霜、雷、雹等，是空间分布的综合表现。

### 热带雨林气候

位于赤道两侧，向两侧延伸5度至10度，年降水量在2000毫米以上的地区，称热带雨林气候。如南美洲的亚马孙平原、非洲刚果盆地和几内亚湾沿岸，以及亚洲东南部的一些群岛等。这些地方由于全年多雨，无季节变化，植物常年生长，植被茂密，动植物种类繁多，人迹罕至，自然状态保持较好。

### 热带草原气候

分布在赤道多雨气候区的两侧，即南北纬5度至15度左右的美洲和非洲。一年之中干湿季分明，全年气温较高。最冷月平均温度在18摄氏度以上。最热月出现在干季之后和雨季之前。

### 热带荒漠气候

常年处在副热带高气压和信风的控制下，盛行热带大陆气团，气流下沉，所以形成炎热、干燥的气候，植被稀少，荒漠化严重。年降雨量不足200毫米，甚至多年无雨，加上日照强烈，蒸发旺盛，更加剧了气候的干燥性。北非的撒哈拉沙漠就是典型的热带荒漠气候。

### 热带海洋性气候

受来自热带海洋的信风影响，终年盛行热带海洋气团，气候具有海洋性。最冷月平均气温比赤道稍低，年温差比赤道多雨气候稍大，年降水量一般在2000毫米以上，季节分配比较均匀。

热带海洋性气候一般会出现在南、北纬10度至25度信风带大陆东岸及热带海洋中的若干岛屿上，如中美洲的加勒比海沿岸等。

### 温带海洋性气候

冬无严寒，夏无酷暑，最冷月平均气温在0摄氏度以上，最热月在22摄氏度以下。全年都有降水，秋冬较多，年降水量在1000毫米以上，在山地迎风坡可达2000毫米至3000毫米。这种气候在西欧最为典型，分布面积很大。

### 温带季风气候

冬季寒冷干燥，夏季暖热多雨，雨热同季。年降水量1000毫米左右，约有2/3集中于夏季。全年四季分明，天气多变，随着纬度的增高，冬、夏气温变幅相应增大，而降水逐渐减少。

温带季风气候的成因与亚热带季风气候相似。冬季受温带大陆气团控制，寒冷干燥，并且南北气温差别大；夏季受温带海洋气团或变性热带海洋气团影响，暖热多雨，并且南北气温差别小。冬季寒冷少雨，夏季暖热多雨。冬季在强大的西伯利亚大陆冷高压的影响下，盛行冬季风，以偏西～偏北风为主，风力强劲，天气晴寒，雨雪稀少。最冷月平均气温南北差异大，南部在0摄氏度以下，北部可达零下20摄氏度。夏季在太平洋副热带高压影响下，盛行夏季风，以偏东偏南风为主，风力较小，潮湿多雨，6月至8月降水量占年降水量的70%以上。

### 温带大陆性湿润气候

这种气候在气温、降水的变化上同温带季风气候有些类似，但风向和风力的季节变化不像温带季风气候那样明显。天气的非周期性变化也很大。

冬季由于气旋活动影响，降水稍多，夏季有对流雨，但夏雨集中程度不像温带季风气候那样显著，天气的非周期性变化也很大。温带大陆性湿润气候主要分布在北纬35度至55度之间的北美大陆东部和亚欧大陆温带海洋性气候区的东侧。

### 亚热带湿润气候

　　热带海洋气团和极地大陆气团交替控制和互相角逐交流的地带。其1月平均温度普遍在0摄氏度以上，7月平均温度一般为25摄氏度左右。分布在北美大陆东部北纬25度至35度的大西洋沿岸和墨西哥湾沿岸地带，南美洲的阿根廷、乌拉圭和巴西南部，非洲的东南沿海和澳大利亚的东岸等地区。它们和东亚的亚热带季风气候区是相似的，但由于所处的大陆面积较小，海陆热力差异不像东亚那样突出，因此没有形成季风气候。这里的气候特点近似亚热带季风气候，而不同之处在于冬夏温差较小，降水季节分配比较均匀。

### 温带大陆性气候

主要分布在南、北纬40度至60度的亚欧大陆和北美大陆内陆地区和南美南部。由于远离海洋，湿润气团难以到达内陆，因而干燥少雨，气候呈极端大陆性，气温年、月较差为各气候类型之最。而且，越趋向大陆中心，就越干旱，气温的年、日较差也越大，植被也由森林过度到草原、荒漠。气候特征是冬冷夏热，降水集中，四季分明，年降雨量较少。我国的北方地区部分属于温带大陆性气候。

### 亚寒带针叶林气候

这种气候出现在北纬50度至65度之间，呈带状分布，冬季漫长而严寒。每年有5至7个月平均气温度0摄氏度以下，并经常出现零下50摄氏度的严寒天气。夏季短暂而温暖，月平均气温在10摄氏度以上，高者可达20摄氏度。年降水量一般为300毫米至600毫米，以夏雨为主。因蒸发微弱，相对湿度很高，加上有永冻层，不少地面处于过温状态，沼泽广布。由于适宜于针叶树生长，所以针叶林分布广泛，又称副极地大陆性气候或亚寒带大陆性气候，又称雪林气候。主要在亚欧大陆和美洲大陆的北部靠近北极圈一带。跨越国家有俄罗斯、美国、加拿大、瑞典、芬兰等。

### 极地气候

又名苔原气候，分布在北美大陆和亚欧大陆的北部边缘、格陵兰岛沿海的一部分及北冰洋中的若干岛屿；在南半球则分布在马尔维纳斯群岛、南设得兰群岛和南奥克尼群岛等地。全年皆冬，一年中只有1月至4月平均气温在0摄氏度至10摄氏度之间，冬季酷寒而漫长。年降水量约200至300毫米，以雪为主；地面有永冻层，只有地衣、苔藓等低等植物。

### 极地冰原气候

分布在极地及其附近地区，包括格陵兰、北冰洋的若干岛屿和南极大陆的冰原高原。

这里是冰洋气团和南极气团的发源地，整个冬季都处于永夜状态，夏半年虽是永昼，但阳光斜射，所得热量非常微弱，因而气候全年严寒，各月温度都在0摄氏度以下。

## 小知识大视野 ••••••••◆◆◆◆◆◆◆◆◆◆

我国气候类型：热带季风气候、亚热带季风气候、温带季风气候、高原山地气候、温带大陆性气候等。世界上最寒冷的大陆是南极大陆，年平均气温为零下25度。

# 常见自然现象

### 厄尔尼诺现象

一种异常气候现象，主要指太平洋东部和中部的热带海洋的海水温度异常地持续变暖，使整个世界气候模式发生变化，造成一些地区干旱而另一些地区又雨量过多。一般平均每四年发生一次。

### 日晕

位于5000米的高空卷层云中的冰晶经过太阳照射后发生的折射和反射等物理变化，阳光便分解成了红、黄、绿、紫等多种颜色，这样太阳周围就出现一个巨大的彩色光环，称为晕，多出现在春夏季节。

民间有"日晕三更雨，月晕午时风"的谚语，这句话的意思就是若出现日晕的话，夜半三更将有雨；若出现月晕，则次日中午会刮风。

### 晚霞

晚霞的形成是由于空气对光线的散射作用。当太阳光射入大气层后，遇到大气分子和悬浮在大气中的微粒，就会发生散射。太阳光谱中的波长较短的紫、蓝、青等颜色的光最容易散射出来，而波长较长的红、橙、黄等颜色的光透射能力很强。因此，我们看到晴朗的天空总是呈蔚蓝色，而地平线上空的光线只剩波长较长的黄、橙、红光了。

这些光线经空气分子和水汽等杂质的散射后，那里的天空就带上了绚丽的色彩。

晚霞的美丽令人神往，往往成为人们对美好生活的比喻，给人带来希望，因而经常出现在文学作品中。

### 火烧云

日出或日落时出现的赤色云霞，属于低云类，是大气变化的现象之一。它常出现在夏季，特别是在雷雨之后的日落前后，在天空的西部。由于地面蒸发旺盛，大气中上升气流的作用较大，使火烧云的形状千变万化。

火烧云的色彩一般是红通通的。它的出现，预示着天气暖热、雨量丰沛及生物生长繁茂的时期即将到来。火烧云可以预测天气，民间谚语"早霞不出门，晚霞行千里"就是说火烧云如果出现在早晨，天气可能会变坏；但如果出现在傍晚，那么第二天准是个好天气。

### 流星雨

外空间的尘埃颗粒闯入地球大气层，与大气摩擦，产生大量热，从而使尘埃颗粒气化，在该过程中发光形成流星，尘埃颗粒叫做流星体。一个流星的颜色是流星体的化学成分及反应温度的体现：钠原子发出橘黄色的光，铁为黄色、镁是蓝绿色、钙为紫色、硅是红色。成群的流星就形成了流星雨。流星雨看起来像是流星从夜空中的一点迸发并坠落下来，这一点或这一小块天区叫做流星雨的辐射点。通常以流星雨辐射点所在天区的星座给流星雨命名，以区别来自不同方向的流星雨。

### 超级闪电

　　是在云层顶端发生的高空正电荷放电发光现象，指的是那些威力比普通闪电大100多倍的稀有闪电。普通闪电产生的电力约为10亿瓦特，而超级闪电产生的电力则至少有1000亿瓦特，甚至可能达到万亿至10万亿瓦特。

至2003年为止，科学家所发现的高空的短暂发光现象有：红色精灵、蓝色喷流、淘气精灵，以及在2002年夏天由一个院校物理系红色精灵研究团队所发现的巨大喷流等，它们都伴随着雷雨云的高空发光现象。

### 海龙卷

一种发生于海面上的龙卷风，俗称"龙吸水"。它上端与雷雨云相接，下端直接延伸到水面，一边旋转，一边移动。

海龙卷的直径一般比陆龙卷略小，其强度较大，维持时间较长，在海上往往是集群出现。它的破坏力特别巨大，如果船只和飞机遇到海龙卷，很快就会被卷得无影无踪。在大洋上易发生台风或飓风的海区，也容易发生海龙卷，只不过海龙卷毕竟是短暂的和局部的，而且不可能经常发生。

在海龙卷群中最成熟的要推母龙卷气旋，依次是龙卷气旋族、龙卷气旋、龙卷涡旋、龙卷漏斗、吸管涡旋，它们构成了一个完整的家族。

### 雪茄状彩虹

不是一个桥的形状，是直线形状，一头伸入云端，一头垂进山间，是极为罕见的自然景观，因酷似雪茄而得名。2006年10月20日下午18时54分左右，我国云南昆明市雨后数分钟，在市东北角上空出现过这样的一道色彩艳丽、炫目的彩虹。

雪茄状彩虹也是一种正常的自然现象，原理和无色光线照射到棱镜后会分解出七彩光一样。

### 雷暴群

产生雷暴的积雨云叫做雷暴云，一个雷暴云叫做一个雷暴单体，其水平尺度10多千米。多个雷暴单体成群成带地聚集在一起叫做雷暴群或雷暴带，它们的水平尺度有时可达数百千米。

每个雷暴单体的生命史可分为发展、成熟和消散三个阶段。每个阶段持续10多分钟至半小时左右，在不同阶段中，雷暴云的结构有不同的特征。发展阶段即积云阶段，其主要特征是上升气流贯穿于整个云体；成熟阶段的特征是开始产生降水，并且由于降水的拖曳作用而产生了下沉气流；消散阶段的特征是下沉气流占据了主要部分。

### 硝凇

由于受暖冬气候的影响，湖水遇风遇冷后，水中的硫酸钠结晶而出，凝聚在草木的枝叶上而成的冰晶，形成了美丽的"硝凇"奇观。只有在一定的气温条件下方可结晶成此状，所以此现象非常少见，大面积成片的更是不多见。

位于我国山西省运城市区以南2000米的运城盐湖是世界上第三大硫酸纳型的内陆湖泊，占地面积132平方千米，夏产盐，冬产硝，是我国最大的无机盐生产基地。2007年1月31日，运城市盐池约200亩硝池的硝埂上结满了晶莹剔透的"硝凇"。

## 夜天光

太阳落入地平线下18度以后的没有月亮的晴夜，在远离城市灯光的地方，夜空所呈现的暗弱弥漫光辉，叫夜天光，又称夜天辐射。在测光工作中，则称为天空背景，或叫夜天背景。

夜天光的光谱由连续光谱和发射线组成。连续光谱是由分子和尘埃粒子等散射星光产生的，它的峰值在波长为10微米处。

发射线则是高层大气中的原子和分子的辐射产生的，其中氧原子发射的绿线和红线最明显，中性钠的D线也很强。在红外波段，有很强的羟基分子发射带和氮分子、氧分子的发射带。夜天光限制了观测的极限星等。

### 云隙光

一种常见于日落与日出时分的大气现象。太阳于低角度时，阳光穿过云层隙缝，形成云隙光，从云雾边缘射出的阳光，照亮空气中的灰尘而使光芒清晰可见。对地面的观测者而言，只要有云或雾遮挡住太阳，就有可能看到此现象，但最重要的还是水汽与灰尘的条件。

因此云隙光在多云的天气比较常见；晴朗的日子里，则常发生于日落时分。比较好的观测地点在海滨或湿气重的山谷地区。云隙光偶尔会伴随着反云隙光一起发生。

## 反云隙光

一种常见于日落与日出时分的大气现象。太阳于低角度时，阳光穿过云层隙缝，形成云隙光。若两道云隙光的夹角较小，对地面观测者来说，就好像是两条光芒从日落的西天射出，辐射于天顶对面的东边，此现象即为反云隙光。

尽管这景象有些神奇，其实只不过是平常的夕阳和一些位置特别合适的云朵所造成的。在地球上相对太阳180度的那一边所看到的光，就是反云隙光。

## 日承现象

又称日载或环地平弧现象，这是高层大气中冰晶折射产生的。日承号称为所有晕像中最美丽的，必须在太阳距离地平线至少58度时才会出现，但在中纬度地区，太阳仅在6月和7月初才能到达此高度，并且仅限于日中前后数小时内。

其也被叫做"火彩虹"，是因为它看起来就像彩虹在天空自发地燃烧，划过天空。

"火彩虹"不像普通的彩虹那么容易见到，主要因为那种条件实在难满足，首先太阳要与地平线成58度角，同时要在约6100米的高度上存在卷云。日承现象的形成原理与环天顶弧相似。

## 静电

一种处于静止状态的电荷。在日常生活中，人们常常会碰到这种现象：晚上脱衣服睡觉时，黑暗中常听到"噼啪"的声响，而且伴有蓝光；见面握手时，手指刚一接触到对方，会突然感到指尖针刺般疼痛，令人大惊失色；早上起来梳头时，头发会经常"飘"起来，越理越乱；拉门把手、开水龙头时都会触电，时常发出"啪、啪"的声响。这就是发生在人体的静电。

### 钟乳石

碳酸盐岩地区洞穴内在漫长地质历史中和特定地质条件下形成的石钟乳、石笋、石柱等不同形态碳酸钙沉淀物的总称。

钟乳石的形成往往需要上万年或几十万年时间，是溶解了碳酸钙的水，从洞顶上滴下来时，由于水分蒸发、二氧化碳逸出，使被溶解的钙质又变成固体，由上而下逐渐增长而形成的。

## 小知识大视野

世界上最大的地下湖：坐落在欧洲维也纳森林中，位于维也纳西部亨特尔布旅村，面积为6200平方米，最深处达12米，被誉为"地下童话王国"。

# 超自然现象

## 心灵感应

一种大多数人认为存在的现象。心灵感应能将某些信息透过普通感官之外的途径传到另一人的大脑中。这种信息在报道中往往描述为和普通感官接收的信息相同。比如拿起电话，突然感觉到有人要打电话给自己，结果很快电话就响了！这就是心灵感应。这种现象以目前的科技手段还不能完全解释。

### 深蓝儿童

指在新纪元运动中被视为拥有某种特殊意志力或超自然能力的儿童。他们自称有超能力，可以看到灵异现象，能预测将要发生的事情。这些人的共同特征是智力很高、直觉性强、非常敏感等，代表精神力的蓝色，在这些儿童身上特别明显。

### 麦田怪圈

在麦田或其他农田上，透过某种力量把农作物压平而产生出几何图案。最早的麦田怪圈是1647年在英格兰被发现的。其常常

科学天地丛书

在春天和夏天出现，科学界对怪圈如何形成一直存在争议。关于成因目前有许多说法，但已有大部分被证明是人为所致。世界上只有南非没有出现过麦田怪圈。

### 尼亚加拉瀑布

位于加拿大和美国交界的尼亚加拉河中段，有着世界七大奇景之一的美誉。它气势宏伟，水汽丰沛而浩瀚。从伊利湖滚滚而来的尼亚加拉河水流经此地，突然垂直跌落51米，巨大的水流以银河倾倒之势冲下断崖，声及数千米之外，场面震人心魄，形成了气势磅礴的大瀑布。

 小知识大视野

　　沙漠中的"魔鬼城"：当晴空万里、微风吹拂时，人们在城堡漫步，耳边能听到一阵阵从远处飘来的美妙乐曲，仿佛千万只风铃在随风摇动，又宛如千万根琴弦在轻弹。可是旋风一起，飞沙走石，天昏地暗，那美妙的乐曲顿时变成了各种怪叫，接着狂风骤起，黑云压顶，一片朦朦的昏暗。

神秘自然现象

## 北极光

出现于星球北极的高磁纬地区上空的一种绚丽多彩的发光现象。地球的极光，是因来自地球磁层或太阳的高能带电粒子流使高层大气分子或原子激发而产生的现象。北极附近的阿拉斯加、加拿大北部是观赏北极光的最佳地点。

### 乳房云

也被称为乳房积云，它由无数个袋状下垂云状结构组合在云层底部形成。它主要由冰物质构成，可以沿着任何一个方向延伸数百千米，然而一些乳房云结构可保持静止不变10至15分钟。每当乳房云出现就预示着恶劣天气的到来，它经常是暴风雨或其他恶劣天气来袭的前兆。

## 融凝冰柱

看上去非常像冰矛，主要存在于高山冰川，它在尺寸上从几厘米高至5米高。最初，太阳光线在积雪或高山冰川表面上照射融化形成不规律的微凹，一旦像这样的微凹形成，太阳光将在这个微凹处发生光线反射，增加了局部物质升华。随着微凹的逐步加深，深深的一个凹槽便形成，最终形成耸立的冰矛结构。

## 会移动的石头

近些年来，美国加利福尼亚州冰川泥浆戈壁上会移动的石头成为颇具科学争议的一个焦点，对于这一怪异的自然现象，许多

科学家均无法给予合理的解释。甚至重达数百磅的石头也会自然
移动数百米之远，一些科学家猜测该现象可能是由于强劲的风和
表面冰层的结合形成的。

## 小知识大视野 ◆◆◆◆◆◆◆◆◆◆◆◆◆◆◆◆

　　月亮彩虹：彩虹是太阳光受到空气中小水珠折射引起的，尤其
在雨后常见。而月亮彩虹则罕见得多，只有在满月或临近满月之夜
并且月亮低垂之时才会出现。

# 自然灾害

**地震**

指地壳在内、外应力作用下，集聚的构造应力突然释放，产生震动弹性波，从震源向四周传播引起的地面颤动。从时间上看，地震有活跃期和平静期交替出现的周期性现象。从空间上看，地震的分布呈一定的带状，称地震带。地震常常造成严重的人员伤亡，还可能诱发海啸、滑坡等灾害。

**火山喷发**

地球内部物质快速猛烈地以岩浆形式喷出地表的现象。由于岩浆中含大量挥发成分，加之上覆岩层的围压，使这些挥发成分溶解在岩浆中无法溢出。当岩浆上升靠近地表时，压力减小，挥发成分急剧被释放出来，形成火山喷发。

### 海啸

通常由震源在海底50千米以内、里氏地震规模6.5级以上的海底地震引起。海啸波长比海洋的最大深度还要大，在海底附近传播也没受多大阻滞。不管海洋深度如何，波都可以传播过去。海啸在海洋的传播速度大约为每小时500至1000千米，而相邻两个浪头的距离也可能远达500至650千米。当海啸波进入大陆架后，由于深度变浅，波高突然增大，它的这种波浪运动所卷起的海涛，波高可达数十米，并形成"水墙"。

### 泥石流

斜坡上或沟谷中松散碎屑物质被暴雨或积雪、冰川消融水所饱和，在重力作用下，沿斜坡或沟谷流动的一种特殊洪流。特点是爆发突然、历时短暂、来势凶猛和有巨大的破坏力。泥石流大多伴随山区洪水。

泥石流的主要危害是冲毁民居、工厂、矿山，造成人畜伤亡，破坏房屋及其他工程设施，破坏农作物、林木及耕地。此外，泥石流有时也会淤塞河道，不但阻断航运，还可能引起水灾。

多重的人类活动可能促进泥石流的形成。

## 风暴潮

指由于剧烈的大气扰动，如强风和气压骤变导致海水异常升降，使受其影响的海区的潮位大大地超过平常潮位的现象。风暴潮根据风暴的性质，通常分为由温带气旋引起的温带风暴潮和由台风引起的台风风暴潮两大类。风暴潮影响区域随大气扰动因子的移动而移动，因而有时一次风暴潮过程可影响一两千千米的海岸区域，影响时间多达数天之久。风暴潮灾害居海洋灾害之首，世界上绝大多数因强风暴引起的特大海岸灾害都是由风暴潮造成的。风暴潮灾害一年四季均可发生。

### 飓风

发生在大西洋和北太平洋东部地区的猛烈风暴。飓风是在大气中绕着自己的中心急速旋转，同时又向前移动的空气涡旋。它在北半球做逆时针方向转动，在南半球做顺时针方向旋转。

气象学上将大气中的涡旋称为气旋，因为飓风产生在热带洋面，所以称为热带气旋。飓风的最大风速达32.7米/秒，风力为12级以上。飓风一般伴随强风、暴雨，严重威胁人们的生命财产，对于民生、经济等造成极大的冲击，是一种影响较大、危害严重的天然灾害。

### 雷击

指一部分带电的云层与另一部分带异种电荷的云层，或者是带电的云层对大地之间迅猛的放电。这种迅猛的放电过程会产生强烈的闪电并伴随巨大的声音，这就是我们所看到的闪电和雷鸣。自然界每年都有几百万次闪电，雷电灾害是《联合国国际减灾10年》公布的最严重的10种自然灾害之一。最新统计资料表明，雷电造成的损失已经上升到自然灾害的第三位。全球每年因雷击造成的人员伤亡、财产损失不计其数。

### 洪涝

雨量过大或冰雪融化引起河水泛滥、山洪暴发和农田积水造成的水灾和涝灾。洪涝可分为河流洪水、湖泊洪水和风暴洪水等。影响最大、最常见的洪涝是河流洪水，尤其是流域内长时间暴雨造成河流水位居高不下而引发的堤坝决口。

洪涝灾害在我国主要发生在长江、黄河、淮河、海河的中下游地区；就全球范围来说，主要发生在多台风暴雨的地区，如孟加拉北部及沿海地区、日本和东南亚国家。洪涝灾害主要破坏农业生产以及其他产业的正常发展，还会危及人的生命财产安全。

## 旱灾

指因土壤水分不足，农作物水分平衡遭到破坏而减产或歉收，从而带来粮食短缺问题的自然灾害。旱灾可以引发饥荒，可令人类及动物因缺乏足够的饮用水而致死。旱灾后容易发生蝗灾，进而引发更严重的饥荒，导致社会动荡。旱灾的形成主要取决于气候，通常将年降水量少于250毫米的地区称为干旱地区，年降水量为250至500毫米的地区称为半干旱地区。

## 病虫害

病害和虫害的并称。病害是指植物在栽培过程中，受到有害生物的侵染或不良环境条件的影响，正常新陈代谢受到干扰，从生理机能到组织结构上发生一系列的变化和破坏，以至在外部形态上呈现反常的病变现象，如枯萎、腐烂、斑点、霉粉、花叶等现象。危害药用植物的动物种类很多，其中主要是昆虫，另外有螨类、蜗牛、鼠类等。昆虫中虽有很多属于害虫，但也有益虫，对益虫应加以保护、繁殖和利用。

病虫害的防治方法有：农业防治法、生物防治法、物理防治法、机械防治法和化学防治法。

## 滑坡

　　俗称"走山"、"垮山"、"地滑"、"土溜"等。是指斜坡上的泥土或者岩体受河流冲刷、地下水活动、地震及人工切坡

等因素影响，在重力作用下，沿着一定的软弱面或者软弱带，整体地或者分散地顺坡向下滑动的自然现象。滑坡常常给工农业生产以及人民生命财产造成巨大损

失，有的甚至是毁灭性的灾难。

### 冻害

农业气象灾害的一种，即0摄氏度以下的低温使农作物体内结冰，对农作物造成的伤害。常发生的有越冬农作物冻害、果树冻害和经济林木冻害等。冻害对农业威胁很大，如美国的柑橘生产和我国的冬小麦常因冻害而遭受巨大损失。

冻害分为农作物生长时期的霜冻害和农作物休眠时期的寒冻害两种。

小知识大视野

灾害分类：自然灾害分为气象灾害、海洋灾害、洪水灾害、地质灾害、地震灾害、农作物生物灾害、森林生物灾害和森林火灾。其中气象灾害占到整个自然灾害的70%。

# 自然灾害之最

### 死亡人数最多的山崩

1970年7月31日，秘鲁荣琪地区哈斯凯瑞山坡发生的山崩导致约1.8万人死亡，这是历史上危害最大的一次山崩。

地震引发的山崩使10个村庄及荣琪镇的大部分地区被崩落的山体埋葬。在死亡人数方面，这次山崩堪称20世纪最严重的灾难之一。

### 危害最大的旋风

1970年1月12日，时速高达240千米的旋风卷着15米高的海浪袭击了当时的东巴基斯坦、恒河三角洲以及附近岛屿，有30至50万人死于这次已知危害最严重的旋风。

### 致死人数最多的雪崩

第一次世界大战期间，在奥地利蒂罗林，即今意大利境内阿尔卑斯山南麓的雪崩造成4至8万人死亡。

蒂罗林也是1999年2月23日雪崩灾难的发生地。一系列掠过奥地利帕兹诺山谷的加尔多村庄和滑雪胜地的雪崩夺去31个人的生命，加上当月另外7名死于雪崩的遇难者，共有38人丧生。

### 危害最大的冰雹

冰雹是对流性雹云降落的一种固态水，不少地区称为雹子，夏季或春夏之交最为常见。它是我国的重要灾害性天气之一。

冰雹出现的范围小、时间短，但来势凶猛、强度大，常伴有狂风骤雨，因此会毁坏大片农田和树木、摧毁建筑物和车辆，给局部地区的农牧业、工矿业、电信、交通运输以至人民的生命财产造成较大损失，具有强大的杀伤力。

1998年1月，一场冰雹袭击了加拿大东部和美国东北部分地区，导致机场关闭，铁路、公路停运，300万人失去电力供应，两周以后仍有100万人未恢复电力供应，有些地方停电达3周，经济损失约6.5亿美元。

### 致人死亡最多的海啸

2004年12月26日的印度洋海啸，遇难者总人数超过29.2万人。其中，印度尼西亚受袭最为严重，据该国卫生部称，共有23.89万人死亡或失踪。已经确认死亡的人数达到11.11万人，失踪人数则为12.78万人。斯里兰卡是受袭仅次于印度尼西亚的国家，其遇难者总人数为30957人，失踪者人数为5637人；印度官方确认的死亡人数是10749人，失踪人数为5640人；泰国确认遇难者总人数为5393人；缅甸有61人遇难；马尔代夫至少有82人遇难；马来西亚68人遇难；索马里死亡298人。

### 孟加拉特大水灾

1987年7月，孟加拉国经历了有史以来最大的一次水灾。连日的暴雨，狂风肆虐，这突如其来的天灾，使毫无准备的居民不知所措。

短短两个月间，孟加拉国64个县中有47个县受到洪水和暴雨的袭击，造成2000多人死亡，2.5万头牲畜淹死，200多万吨粮食被毁，2万千米道路及772座桥梁和涵洞被冲毁，千万间房屋倒塌，大片农作物受损，受灾人数达2000万人。

### 秘鲁大雪崩

1970年秘鲁大雪崩是20世纪十大自然灾害之一。秘鲁位于南美洲西部，拥有一望无垠的海岸线，长达3000多千米。它又是一个多山的国家，山上长年积雪，"白色死神"常常降临于此。1970年5月31日，大雪崩将瓦斯卡兰山峰下的容加依城全部摧毁，造成2万名居民死亡，受灾面积达23平方千米。

这次巨大的雪崩是由地震诱发的。地震把山峰上的岩石震裂、震松、震碎，地震波又将山上的冰雪击得粉碎。瞬时，冰雪和碎石犹如巨大的瀑布，紧贴着悬崖峭壁倾泻而下，几乎以自由落体的速度塌落了900米之多。

### 伦敦大烟雾

1952年12月5日开始，逆温层笼罩伦敦，城市处于高气压中心位置，垂直和水平的空气流动均停止，连续数日空气寂静无风。当时伦敦冬季多

科学天地丛书 kexuetiandicongshu

使用燃煤采暖，市区内还分布有许多以煤为主要能源的火力发电站。由于逆温层的作用，煤炭燃烧产生的二氧化碳、一氧化碳、二氧化硫、粉尘等气体与污染物在城市上空蓄积，引发了连续数日的大雾天气。其间由于毒雾的影响，不仅航班取消，白天汽车在公路上行驶都必须打开大灯。

### 致人死亡最多的强热带风暴

2008年5月2日早上，强热带风暴纳尔吉斯以最高时速240千米的速度在缅甸伊洛瓦底省海基岛附近登陆，造成大约13.3万人死亡和失踪，其中遇难人数已达7.8万人，失踪人数为5.6万人，受伤人数为1.9万人。多处房屋受损，树木被刮倒。街道上随处可见倾覆的车辆、散落的路灯、木板等。市内交通瘫痪，水电供应停顿。

### 小知识大视野

造成的经济损失最大的自然灾害：1995年1月，发生在日本神户的地震造成的经济损失高达100万亿美元，这是使一个国家遭受经济损失最大的自然灾害。

环境资源

## 水资源

水是维系生命与健康的基本需求，淡水资源极其有限。在全部水资源中，97.5%是无法饮用的咸水。在余下2.5%的淡水中，有87%是人类难以利用的两极冰盖、高山冰川和永冻地带的冰雪。人类真正能够利用的是江河湖泊以及地下水中的一部分，仅占地球总水量的0.26%，而且分布不均。

### 天然水

构成地球表面各种形态的水的总称，包括江河、海洋、冰川、湖泊、沼泽等地表水以及土壤、岩石层内的地下水等天然水体。地球上的淡水资源绝大部分为两极和高山的冰川，其余大部分为深层地下水。

### 太阳能

太阳内部或者表面的黑子连续不断地核聚变反应过程产生的能量，它以电磁辐射形式向宇宙空间发射。太阳能的利用有光热转换和光电转换两种方式。太阳能是一种新兴的可再生能源。

太阳能是人类能源的宝库，如化石能源、地球上的风能、生物质能都来源于太阳。直接利用太阳能的有平板型集热器、聚光式集热器。太阳能电池是光能—电能的转换，一般应用在人造卫星、宇宙飞船、打火机、手表等方面。太阳能的利用还不是很普及，利用太阳能发电还存在成本高、转换效率低的问题，但是太阳能电池在为人造卫星提供能源方面已得到了应用。

## 风能

地球表面空气流动所形成的动能，是太阳能的一种转化形式。风速越大，它具有的能量越大。由于地面各处受太阳辐照后气温变化和空气中水蒸气的含量不同，因而引起各地气压的差异，在水平方向高压空气向低压地区流动，形成风。

风能资源决定于风能密度和可利用的风能年累积小时数。风能量是丰富的，近乎无尽、广泛分布的，也是洁净无污染的能源。

### 潮汐能

指由月球和太阳对地球的引力及地球自转所致海水周期性涨落形成的势能和横向流动形成的动能。

它包括潮汐和潮流两种运动方式所包含的能量。潮水在涨落中蕴藏着巨大能量，这种能量是永恒的、无污染的。

潮汐能的利用方式主要是发电。潮汐发电是利用海湾、河口等有利地形，建筑水堤，形成水库，以便于大量蓄积海水，并在坝中或坝旁建造水利发电厂房，通过水轮发电机组进行发电。只有出现大潮，能量集中时，并且在地理条件适于建造潮汐电站的地方，从潮汐中提取能量才有可能。虽然这样的场所并不是到处都有，但世界各国已选定了相当数量适宜开发潮汐电站的站址。

### 生物质能

指绿色植物通过叶绿素将太阳能转化为化学能存储在生物质内部

的能量，是太阳能以化学能形式贮存在生物质中的能量形式，即以生物质为载体的能量。它直接或间接地来源于绿色植物的光合作用，可转化为常规的固态、液态和气态燃料，取之不尽、用之不竭，是一种可再生能源，同时也是唯一一种可再生的碳源。

生物质能的特点是可再生性、低污染性、广泛分布性。依来源不同，可将适合于能源利用的生物质分为林业资源、农业资源、生活污水和工业有机废水、城市固体废物和畜禽粪便等五大类。

### 旅游资源

旅游业发展的前提条件，是旅游业的基础。旅游资源主要包括自然风景旅游资源和人文景观旅游资源。

自然风景旅游资源包括高山、峡谷、森林、火山、江河、湖泊、海滩、温泉、野生动植物、气候等。可归纳为地貌、水文、气候、生物四大类。人文景观旅游资源包括人文景物、文化传统、民情风俗、体育娱乐四大类。

### 清洁能源

指不排放污染物的能源，它包括核能和可再生能源。可再生能源是指原材料可以再生的能源，如水力发电、风力发电、太阳能、生物能、海潮能等能源。可再生能源基本上不存在能源耗竭的可能，因此日益受到许多国家的重视，尤其是能源短缺国家。

## 小知识大视野

天然能源：是指自然界中以天然的形式存在且没有经过加工或转换的能量资源，如煤炭、石油、天然气、核燃料、风能、水能、太阳能、地热能、海洋能、潮汐能等。

生物资源

### 动物资源

生物圈中一切动物的总和。通常包括驯养动物资源、水生动物资源及野生动物资源。它与人类的经济生活关系密切，是发展食品、轻纺、医药等工业的重要原料。野生动物资源在维持生物圈的生态平衡中起重要作用。

## 植物资源

　　我国植物种类繁多。种子植物约有2.5万种，其中裸子植物有200多种，占世界的1/4，被子植物近3000个属。木本植物有7000多种，其中乔木2800多种。水杉、银杏、金钱松等保存下来的我国特有的古生物种属，为举世瞩目的"活化石"。

## 森林资源

　　林地及其所生长的森林有机体的总称。这里以林木资源为主，还包括林中和林下植物、野生动物、土壤微生物及其他自然环境因子等资源。林地包括乔木林地、疏林地、灌木林地、林中空地、采伐迹地、火烧迹地、苗圃地和国家规划宜林地。

森林可以更新，属于再生的自然资源，也是一种无形的环境资源和潜在的绿色能源。反映森林资源数量的主要指标是森林面积和森林蓄积量。

### 草场资源

指从生长多年生草本植物为主，可供放养或割草饲养牲畜的土地。以温带草原分布最广，如亚欧大陆中部、北美洲中南部、南美洲中南部、非洲部分地区及大洋洲的澳大利亚和新西兰。此外尚有热带草原和山地草原。草原中最优良的为豆科牧草，其次是禾本科牧草。草场资源是发展畜牧业的前提条件，草场的质量对畜群的构成和载畜量影响较大。草场资源是生物圈的重要组成部分，在维持生物圈的生态平衡上起着重要作用。

### 林业资源

人类的重要自然资源之一。它为人类的生产和生活提供了大量、繁多的资源，如建筑材料等。世界上有木本植物2万余种，我国约有8000

种，其中乔木树种即达2000余种。我国森林资源面积蓄积数量大，居世界前列，但人均占有量小，资源分布极不均衡。我国由北向南依次分布有寒温带针叶林、温带针叶与落叶阔叶混交林、暖温带落叶阔叶林、亚热带常绿阔叶林、热带季雨林和雨林等多种森林类型。

### 渔业资源

指具有开发利用价值的鱼、虾、蟹、贝、藻和海兽类等经济动植物的总体。它是渔业生产的自然源泉和基础，又称水产资源。按水域分内陆水域渔业资源和海洋渔业资源两大类。其中鱼类资源占主要地位，有2万多种，估计可捕量0.7至

科学天地丛书

kexuetiandicongsh

1.15亿吨。海洋渔业资源蕴藏量估计达10至20亿吨。

开发利用的渔业资源中，70％直接供人们食用，如鲜品、冻品、罐藏以及盐渍、干制等加工品；30％加工成饲料鱼粉、工业鱼油、药用鱼肝油等综合利用产品。

## 农业资源

人们从事农业生产或农业经济活动所利用或可利用的各种资源的总称，包括农业自然资源和农业经济资源。农业自然资源含农业生产可以利用的自然环境要素，如土地资源、水资源、气候资源和生物资源等。农业经济资源是指直接或间接对农业生产发挥作用的社会经济因素和社会生产成果，如农业人口和劳动力的数量和质量、农业技术装备等。

我国有5000多年的农业史，中华民族先民培育更新了很多植物品种，如谷稷、水稻、高粱、豆类、茶等，为人类农业发展作出了巨大贡献。

### 遗传资源

指取自人体、动物、植物或者微生物等含有遗传功能并具有实际或潜在价值的材料。遗传科学在现代科技领域具有广泛的发展潜力，预计新的科研成果将会给人类生活带来重大变革。

## 小知识大视野 ◆◆◆◆◆◆◆◆◆◆◆◆◆◆◆

动物资源：陆栖野生动物资源、内陆渔业资源和海洋动物资源。植物资源：森林资源、草地资源、野生植物资源和海洋植物资源。微生物资源：细菌资源、真菌资源等。

能源矿产

## 石油

又称原油，是从地下深处开采的棕黑色可燃黏稠液体。主要是各种烷烃、环烷烃、芳香烃的混合物。它是古代海洋或湖泊中的生物经过漫长的演化形成的混合物，与煤一样属于化石燃料，也是目前世界上最重要的能源之一。石油也是许多化学工业产品，如化肥、杀虫剂和塑料等的原料。

## 天然气

　　一种多组成分的混合气体，主要成分是烷烃，在燃烧过程中产生的能影响人类呼吸系统健康的物质极少，产生的二氧化碳仅为煤的40%左右。燃烧后无废渣和废水，相较于煤炭和石油等能源具有使用安全、热值高、洁净等优势。

## 煤

　　俗称煤炭，是非常重要的能源，也是冶金、化学工业的重要原料。煤主要由碳、氢、氧、氮、硫和磷等元素组成，有褐煤、烟煤、无烟煤、半无烟煤等，是不可再生的资源。它是古代植物埋藏在地下经历复杂的生物化学和物理化学变化逐渐形成的固体可燃性矿产。截至2010年，全世界最大的煤消费国是中国，每年的煤消耗量占全球消耗量的35%。我国是世界上煤炭资源最丰富的国家之一，不仅储量大、分布广，而且种类齐全、煤质优良。煤的开采是一项最艰苦的工作，我国采煤以矿井开采为主，如山西、山东、徐州及东北地区大多数采用这一开采方式。露天开采，如朔州平朔煤矿是全国最大的露天煤矿。

### 石煤

一种含碳少、发热值低、低品位的多金属共生矿，由4至5亿年前地质时期的菌藻类等生物遗体在浅海环境下经腐化作用和煤化作用转变而成。含碳量较高的优质石煤呈黑色，具有半亮光泽，杂质少；含碳量较少的石煤，呈偏灰色，暗淡无光，夹杂有较多的黄铁矿、石英脉和磷、钙质结核。石煤的发热量不高，一般在每千克800大卡左右，是一种低热值燃料。

### 天然沥青

是石油在自然界长期受地壳挤压并与空气、水接触逐渐变化而形成的物质。以天然形态存在的石油沥青，其中常混有一定比例的矿物质。按形成的环境可分为湖沥青、岩沥

青、海底沥青和油页岩等。岩沥青是石油不断地从地壳中冒出，存在于山体和岩石裂隙中长期蒸发凝固而形成的天然沥青。

我国的天然沥青矿主要分布在四川广元龙门山一带，曾被专家誉为"中华第一黑矿"，储量超过1000万吨。

### 铀

铀通常被人们认为是一种稀有金属。铀最初只用于玻璃着色或陶瓷釉料，1938年发现铀核裂变后，成为主要的核原料。

纯度为3%的U-235为核电站发电用低浓缩铀，U-235纯度大于80%的铀为高浓缩铀，其中纯度大于90%的称为武器级高浓缩铀，主要用于制造核武器。获得1000克武器级U-235需要200吨铀矿石。提炼浓缩铀的方法主要有气体扩散法和气体离心法。

由于涉及核武器问题，铀浓缩技术是国际社会严禁扩散的敏感技术。目前除了几个核大国之外，日本、德国、印度、巴基斯坦、阿根廷等国家都掌握了金属铀浓缩技术。

### 钍

一般用来制造合金，提高金属强度和煤气灯的白热纱罩。钍所储藏的能量，比铀、煤、石油和其他燃料总和还要多许多，是一种极有前途的能源。钍还可用于制造高强度合金与紫外线光电管。

钍还是制造高级透镜的常用原料，用中子轰击钍可以得到一种核燃料"铀-233"。

### 油砂

指富含天然沥青的沉积砂，也称"焦油砂"、"重油砂"或"沥青砂"，它实质上是一种沥青、沙、富矿黏土和水的混合物，其外观似黑色糖蜜。

油砂开采是挖掘石油，而不是抽取石油。已露出或近地表的重质残余石油浸染的砂岩，系沥青基原油在运移过程中失掉轻质组分后的产物。

## 小知识大视野

全世界最大的产煤国：澳大利亚，每年生产全球70%的煤。我国则是世界上用煤最多的国家。

**其他矿产**

### 金矿

金是一种贵金属，具有亲硫性、亲铜性、亲铁性和高熔点等性质。我国有1000多处金矿，总储量有4000多吨，居世界第七位。金被用作金融储备、货币、首饰等，也是重要的工业原料。世界黄金的需求主要来自各国官方的储备、工业及首饰用金和投资需求。

### 银矿

纯银又称白银，其导电性、导热性最高，延展性和可塑性也好，易于抛光和造型，能与许多金属组成合金。银还具有较强的抗腐蚀、耐有机酸和碱的能力，在普通的温度和湿度下不易被氧化。银很早就被人们用来作为货币、饰品和器皿，也是工业和国防建设的重要原材料。我国有500多处银矿，总储量有11万多吨，居世界第六位。

### 铜矿

指可以利用的含铜的自然矿物集合体的总称，铜矿石一般是铜的硫化物或氧化物与其他矿物组成的集合体，与硫酸反应生成蓝绿色的硫酸铜。全世界探明的铜矿储量有6亿多吨，储量最多的国家是智利，约占世界储量的1/3。

我国有不少著名的铜矿，如江西德兴、安徽铜陵等地区。我国铜矿资源有900多处，总储量有为6000多万吨，居世界第七位。铜的导电性仅次于银，并且铜矿比银矿多，价格便宜，所以一半以上的铜用于电力和电信工业。我国稀世之宝——商代司母戊鼎就是用青铜制成的，所以铜矿石被称为"人类文明的使者"。

### 铁矿

铁是世界上发现最早、利用最广、用量最多的一种金属，其消耗量约占金属总消耗量的95%左右。我国已探明铁矿的矿区有1800多处，总储量有463亿吨，居世界第五位。

铁矿石主要用于钢铁工业，冶炼含碳量不同的生铁和钢。

钢铁制品广泛用于国民经济各部门和人民生活各个方面，是社会生产和经济建设所必需的基本材料。

### 石灰岩

简称灰岩，是以方解石为主要成分的碳酸盐岩。

有时含有白云石、黏土矿物和碎屑矿物，有灰、灰白、灰黑、黄、浅红、褐红等色，硬度一般不大，与稀盐酸反应剧烈。石灰岩的主要成分是碳酸钙，可以溶解在含有二氧化碳的水中。一般情况下一升含二氧化碳的水，可溶解大约50毫克的碳酸钙。石灰岩主要在浅海的环境下形成。

石灰岩分布相当广泛，岩性均一，易于开采加工，是一种用途很广的建筑材料。石灰岩是烧制石灰和水泥的主要原料，也是炼铁和炼钢的熔剂。

### 变质岩

在高温高压和矿物质的混合作用下由一种岩石自然变质成的另一种岩石。这些力量包括温度、压力、应力、化学成分的变化。固态的岩石在地球内部的压力和温度作用下，发生物质成分的迁移和重结晶，形成新的矿物组合，如普通石灰石由于重结晶变成大理石。变质岩是组成地壳的主要岩石类型之一。

变质岩大多数具有结晶结构、定向构造和由变质作用形成的特征变质矿物，如蓝晶石、红柱石、矽线石、石榴石、硬绿泥石蓝闪石等变质岩。

## 金刚石

俗称"金刚钻"，也就是我们常说的钻石，是一种由纯碳组成的矿物。是碳的同素异形体，有天然和人造两类。

钻石的摩氏硬度为

10，是已知的最硬的物质，因此也就具有许多工业用途，如精细研磨材料、高硬切割工具、各类钻头、拉丝模。还被作为很多精密仪器的部件。

金刚石有各种颜色，从无色到黑色都有，以无色的为最佳。它们可以是透明的也可以是半透明或不透明，多数金刚石大多带些黄色。

### 蓝晶石

又名二硬石，属硅酸盐类矿物。矿物主要成分为蓝晶石和少量硅线石，副矿物成分为石英，次矿物为黑云母、金云母、绿泥石。主要形成于中级变质作用压力较高的条件下，存在

于区域变质片岩、片麻岩和相关结晶花岗岩及石英岩脉。

由于蓝晶石矿物的特性，常用来制造优良的高级耐火材料、耐火砂浆、水泥及铸造耐制品，以及塑料捣打混合料、技术陶瓷、汽车发动机的火花塞、绝缘体、球磨机球体、试验器皿、耐震物品等。并可用电热法炼制硅铝合金，应用于飞机、汽车、火车、船舶的部件上。

### 长石

是长石族岩石引的总称。它是一类含钙、钠和钾的铝硅酸盐

类矿物，为地壳中最常见的矿物，比例达到60%，在火成岩、变质岩、沉积岩中都可出现。长石矿物除了作为玻璃工业和陶瓷工业的主要原料外，还广泛应用于化工、磨具磨料、玻璃纤维、电焊焊条等生产部门。有的长石具有美丽的变彩或晕色，可被用作宝石的材料。

### 硅灰石

三斜晶系，通常呈片状、放射状或纤维状集合体。白色微带灰色，玻璃光泽。主要产于酸性侵入岩与石灰岩的接触变质带，为构成矽卡岩的主要矿物成分。

此外，还见于某些深变质岩中。硅灰石属于一种链状偏硅酸盐，又是一种呈纤维状、针状的岩石。

其特殊的晶体形态结晶结构决定了其性质具有良好的绝缘性，同时具有很高的白度、良好的介电性能和较高的耐热性能。用作造纸、陶瓷、水泥、橡胶、塑料等的原料或填料、气体过滤材料、隔热材料、冶金的助熔剂等。

### 透辉石

辉石中常见的一种，属单斜晶系的硅酸盐矿物。透辉石是陶瓷常用原料，辉石应用于日用瓷釉中。它综合了滑石和方解石的优点，不仅可以提高釉面的光泽度，半透明性和平整度，而且可降低瓷釉的烧成温度，扩大烧成范围。

常见颜色为蓝绿色至黄绿色、褐色、黄色、紫色、无色至白色，形状多为长柱体、粒状或片状。光泽为玻璃光泽。

透明美丽的透辉石也被视为宝石，人们喜爱的翡翠当中也含有透辉石。翡翠在矿物学上属于硬玉，它是一种辉石类矿物的集合体。

## 明矾石

一种广泛分布的属三方晶系的硫酸盐矿物。明矾石为中酸性火山喷出岩经过低温热液作用生成的蚀变产物。我们熟悉的明矾就是由它制取的。

除此以外，明矾石还可用来制造钾肥、硫酸等化学物质，也可用来炼铝。

我国浙江苍南、安徽庐江和福建周宁的白垩系火山岩中都有大量产出。其中，浙江探明储量占全国50%以上，尤以温州苍

编号：No.M8673
明矾石　　Alunite
产地：意大利
Locality : Italy

南矾山最多，储量达1.67
亿吨，含纯明矾石45.4%至
47.71%，是至今探明的世界
上最大的明矾石矿。

### 方解石

是一种碳酸钙矿物，天
然碳酸钙中最常见，是一种
分布很广的矿物。晶体形状
多种多样，集合体可以是一
簇簇的晶体，也可以是粒
状、块状、纤维状、钟乳状
或土状等。

敲击方解石可以得到很
多方形碎块，故名方解石。无色透明的方解石也叫冰洲石，冰洲
石是重要的光学材料。

小知识大视野

自然界中最坚硬的物质：金刚石，把任何两种不同的矿物互相
刻划，两者中必定会有一种受到损伤，而金刚石能够划伤其他一切
矿物，却没有一种矿物能够划伤它。

## 自然界

生物群落在一定范围和区域内相互依存，同时与各自的环境不断地进行物质交换和能量传递，从而形成一个动态系统。它们依靠物质的循环、能量的流动，有机地结合在一起，形成一个四位一体的自然界。

## 生态系统

由生产者、消费者、分解者和非生命物质四部分组成。它们各自发挥着特定的作用并形成整体功能，使整个生态系统正常运行。生产者是指绿色植物，消费者主要是指动物，分解者是指具有分解能力的各种微生物，非生命物质是指生态系统的各种无生命的无机物和各种自然因素。

### 生态平衡

生态系统也像人一样，有一个从幼年期、成长期到成熟期的过程。生态系统发展到成熟阶段时，它的结构、功能、包括生物种类的组成、生物数量比例以及能量流动、物质循环，都处于相对稳定的状态，这就叫做生态平衡。

### 自然界的物质循环

生物有机体大约由40种元素组成，其中碳、氢、氧、硫、磷是最主要的元素，它们都来源于环境，构成生态系统中的生物个体和生物群落。生产者把无机物转化为有机物，给消费者消耗；消费者产生的废弃物及生产者的残体被分解者消化，又转化为无机物，返回环境，供植物重新利用。地球上无数个这样的物质循环，汇合成生物圈的总的物质循环。

## 小知识大视野

绿色植物的光合作用把二氧化碳从大气中取走，合成碳水化合物贮存在体内，食草和食肉动物吸收这种营养物质。动物的呼吸和微生物对动植物残体的分解，又将碳以二氧化碳形式排入大气。

### 城市环境

具有一定人口规模，以非农业人口为主的居民点。城市是人类走向成熟和文明的标志，也是人类群居生活的高级形式。城市通常是周围地区的政治、经济、文化中心，是商品和信息的集散地。随着工业的发展，农村人口大量向城市转移、聚集，这是衡量国家经济发展状况的一个重要标志。但城市规模的扩大带来的城市病也应引起人们的高度重视。

### 汽车尾气

汽车作为现代化的交通工具，为人们生活带来了方便，但汽车多了，排出的尾气也就多。尾气含有一氧化碳、碳氢化合物、氮氧化物、硫氧化物、铅化合物等有害气体。汽车还是最严重的铅污染源。

### 噪声污染

引起听觉的感知现象。声源从发声的物体以声波的形式传出，通过固体或液体、气体传播，声波振动内耳的小骨，这些振动被转化为微小的电子脑波，成为我们觉察到的声音。

不是所有的声波人类都能听到，正常人能够听见20到20000Hz的声音。人类生活在一个声音的环境中，通过声音进行交谈，表达思想感情以及开展各种活动。如果声音超过一定限度，就会成为噪声。

### 能源影响

向自然界提供能量转化的物质。能源是人类活动的物质基础，人类社会的发展离不开优质能源的出现和先进能源技术的使用。在当今世界，能源的发展，能源和环境是全世界、全人类共同关心的问题，也是我国社会经济发展的重要问题。

凡是可以不断得到补充或能在较短周期内再产生的能源称为再生能源，反之称为非再生能源。

一般来说，风能、水能、海洋能、潮汐能、太阳能和生物质能等都是可再生能源；煤、石油和天然气等都是非再生能源。

### 衣食住行

泛指穿衣、吃饭、住房、行路等生活上的基本需要。衣食住行的变化反映社会的发展水平。

人类生活从筚路蓝缕发展到今天，人们已经享受到现代文明科技成果的舒适和华贵，生活水平的提高也反过来促进了人类体质的发展和提高。然而，由于科技越发展，人们接触到的各种物理、化学的产品越多，给人们带来的危害也就越多。如今，从衣服鞋帽至饮食器具，从塑料制品、化妆品至家具、洗涤剂等，都与化学品有关。日本福岛核辐射就给人们带来了重大危害。

### 温室效应

指大气通过对辐射的选择吸收而使地面温度上升的效应。二氧化碳气体对太阳光的透射率较高，而对红外线的吸收力却较强。随着工业燃料的大量消耗，大气中二氧化碳成分增加，致使通过大气照射到地面的太阳光增强；同时地球表面升温后辐射的红外线也较多地被二氧化碳吸收，从而构成保温层。

温室效应会导致冰山融化，海平面上升，气候异常等众多变化。自工业革命以来，大气的温室效应不断增强，已引起全球气候变暖等一系列严重问题，引起了全世界各国的关注。

### 次声波

　　频率小于20Hz的声波叫做次声波。次声波不容易衰减，不易被水和空气吸收，次声波的波长很长，因此能绕开某些大型障碍物发生衍射。次声波会干扰人神经系统的正常功能，危害人体健康，危险时可致人死亡。次声波在自然界中存在十分广泛，火山爆发、地震、海啸、雷电和台风等现象都伴有次声波的产生。研究自然次声的特性和产生机制，可以辅助预测自然灾害性事件。

### 电磁辐射

　　指在射频条件下，电磁波向外传播过程中存在的电磁能量发射现象。电磁辐射是以一种看不见、摸不着的特殊形态存在的物质。人类生存的地球本身就是一个大磁场，它表面的热辐射和雷电都可产生电磁辐射，太阳及其他星球也从外层空间源源不断地产生电磁辐射。电子设备工作时产生的电磁辐射也是无孔不入，电磁辐射是一种复合的电磁波，以相互垂直的电场和磁场随时间的变化而传递能量。人体生命活动包含一系列的生物电活动，这些生物电对环境的电磁波非常敏感，因此，电磁辐射可以对人体造成影响和损害。电磁污染已成为全球性的公害。

### 紫外线

电磁波谱中波长从10至400nm辐射的总称，是一种不可见光。1801年德国物理学家里特发现在日光光谱的紫端外侧一段能够使含有溴化银的照相底片感光，因而发现了紫外线的存在。在现代生活中，紫外线用于杀菌消毒以及治疗各种疾病；但过量的紫外线照射却会损害人体健康，如紫外线过量照射会诱发皮肤癌。

自然界的主要紫外线光源是太阳，太阳光透过大气层时部分被大气层中的臭氧吸收掉。人工的紫外线光源有多种气体的电弧。紫外线荧光作用强，日光灯、各种荧光灯和农业上用来诱杀害虫的黑光灯都是用紫外线激发荧光物质发光的。

## 空气湿度

表示大气干燥程度的物理量，与人类的生活环境关系密切。湿度太大，人们会感到沉闷和窒息，也容易使东西霉烂；湿度过小，人们的口腔、鼻孔又会感到干燥难受。最适宜人类生活的相对湿度是在30%至75%的范围内。据调查资料表明，许多长寿者都生活在湿度适宜的生活环境中。空气湿度是气象学、水文学的重要指标，也是农业生产和食物储存的重要条件。

### 磁场

人类早已习惯生活在强度稳定于22.28A／m至56.5A／m的地磁场中。如果生活环境中的磁场强度发生剧烈变化，人体就会产生不同程度的异常反应。对磁场作用敏感的人，在磁场作用下，很容易出现头痛、眩晕、耳鸣、急躁等病症。

### 物态变化

由于构成物质的大量分子在永不停息地做无规则热运动，并且不同的分子做热运动的速度不同，就形成了物质的三种状态：固态、液态和气态。物质的状态称为物态，物态变化是指物质从一种状态变化到另一种状态的过程。气态继续加温会变成等离子态，这是气体在约几百万摄氏度的极高温或在其他粒子强烈碰撞下所呈现出的另一种物态。

### 小知识大视野

空气负离子：一种带负电荷的空气离子，它对人类健康具有重要意义，因此被喻为空气"维生素"。由于静电感应的作用，只有负电荷才可以增强人体的造血功能和一些细胞的活力。吸入这样的空气就会感到精神愉快、情绪轻松、周身舒服、疲劳消除等快意。

## 陆源污染

　　指陆地上产生的污染物进入海洋后对海洋环境造成的污染及其他危害。陆源型污染和海洋型污染、大气型污染构成海洋的三大污染源。陆源污染物质种类最广，数量最多，对海洋环境的影响最大。陆源污染物对封闭和半封闭海区的影响尤为严重。

### 海洋污染

　　人类直接或间接地把物质或能量引入海洋环境，以致发生损害生物资源、损害海水使用素质和降低或毁坏环境质量等危害。主要是从油船与油井漏出来的原油、农田用的杀虫剂和化肥、工厂排出的污水、矿场流出的酸性溶液。

### 大气污染

　　通常是指由于人类活动或自然过程引起某些物质进入大气中，呈现出足够的浓度，达到足够的时间，并因此危害了人体的舒适、健康和福利或引起环境污染的现象。

大气污染主要来源于人类的活动，特别是工业和交通运输。大气污染不仅对人体健康产生危害，也对工农业生产以及气候和生态环境产生不良影响。目前世界各国已采取措施开展污染治理，限制二氧化碳的排放量。

### 土壤污染

近年来，由于人口急剧增长，工业迅猛发展，固体废物不断向土壤表面堆放和倾倒，有害废水不断向土壤中渗透，大气中的有害气体及飘尘也不断随雨水降落在土壤中，导致了土壤污染。凡是妨碍土壤正常功能，降低农作物产量和质量，并通过粮食、蔬菜、水果等间接影响人体健康的物质，都叫做土壤污染物。土壤污染物分为四类：化学污染物、物理污染物、生物污染物、放射性污染物。

为了控制和消除土壤的污染，首先要控制和消除土壤污染源，加强对工业"三废"的治理，合理施用化肥和农药。

### 水污染

污染物进入水体，使水质恶化，降低水的功能及其使用价值的现象。人类的活动会使大量的工业、农业和生活废弃物排入水中，使水受到污染。目前，全世界每年有4200多亿立方米的污水排入江河湖海，污染了5.5万亿立方米的淡水，这相当于全球径流总量的14%以上。日趋加剧的水污染，已对人类的生存安全构成重大威胁，成为人类健康、经济和社会可持续发展的重大障碍。我国的辽河、海河、淮河污染最

为严重。国家已经采取了一系列措施治理水污染。

### 噪声污染

因自然过程或人为活动引起各种不需要的声音，并超过了人类所能允许的程度，以致危害人畜健康的现象。从生理学观点来看，凡是干扰人们休息、学习和工作的声音，即不需要的声音，

统称为噪声。当噪声对人及周围环境造成不良影响时，就形成噪声污染。一般声音达到80分贝或以上就会被判定为噪声。在85分贝以上的噪声环境中，噪声性耳聋发病率可达到50%。噪声污染与水污染、大气污染被看成是世界范围内三个主要的环境问题。

## 白色污染

　　白色污染是人们对难降解的塑料垃圾污染环境现象的一种形象称谓。它是指用聚苯乙烯、聚丙烯、聚氯乙烯等高分子化合物制成的各类生活塑料制品，使用后被弃置成为固体废物。由于随意乱丢乱扔，难于降解处理，以致造成城市环境严重污染的现象。因塑料用包装材料多为白色，所以叫"白色污染"。白色污染的主要来源有食品包装、泡沫塑料填充包装、快餐盒、农用地膜等。废旧塑料包装物混在土壤中，影响农作物吸收养分和水分，将导致农作物减产。

目前防治白色污染的措施有：废旧塑料回收、采用新技术生产可降解包装物、使用纸制品代替塑料包装物等。

### 放射性污染

人类活动排放出的放射性污染物，使环境的放射性水平高于自然本底或超过国家规定的标准。放射物质可以通过空气、饮用水、食物链等多种途径进入人体，能使人的身体致残，诱发恶性肿瘤、白血病以及各种传染性疾病等。

放射性污染源有原子能工业排放的废物、核武器试验的沉降物、医疗放射源、科研放射源等。

### 农药污染

主要指农药及其在自然环境中的降解产物污染大气、水体和土壤，并破坏生态系统，引起人和动植物的急性或慢性中毒的一种有机污染。造成污染的农药主要是有机氯农药，含铅、砷、汞等物质的金属制剂，以及某些特异性除草剂。

清除蔬菜瓜果上残留农药的方法有：浸泡水洗法、小苏打溶液浸泡法、去皮法、储存法、加热法。

## 食品污染

指各种食品，如粮食、水果、蔬菜、鱼、肉等，在生产、运输、包装、贮存、销售、烹调过程中，混进了有害有毒物质或者病菌的现象。食品污染可分为生物性污染和化学性污染两大类。生物性污染是指有害的病毒、细菌、真菌，以及寄生虫污染食品；化学性污染是由有害有毒的化学物质污染食品引起的污染。

防止食品污染，不仅要注意饮食卫生，还要从生产、运输、加工、贮藏、销售等各个环节着手。

## 垃圾污染

包括工业废渣污染和生活垃圾污染两类。工业废渣是指工业生产、加工过程中产生的废弃物。生活垃圾主要是厨房垃圾、废塑料、废纸张、碎玻璃、金属制品等。垃圾侵占土地、堵塞江湖、有碍卫生、影响景观、污染大气、危害农作物生长及人体健康。垃圾处理已成为城市环境综合整治中的紧迫问题。

## 太空污染

人类发射的火箭散失在太空的碎片和零部件、人造卫星爆炸或故障而抛撒于太空的碎片以及寿命已尽的卫星残骸等，都是太空垃圾。

　　太空垃圾以每年约10%的速度增加。由于空间垃圾和航天器之间的相对速度一般为几千米每秒至几十千米每秒，因此，即使轻微碰撞，也会造成航天器的重大损坏。

小知识大视野

　　环境污染分类：按环境要素分有大气污染、环境污染、土壤污染、固体污染。按造成环境污染的性质来源分有化学污染、生物污染、物理污染、固体废物污染、能源污染。

## 环境效应

### 环境异常

一切有生命的物质都需要一个正常的自然环境。这种正常的自然环境条件一旦破坏，生物和人群就会出现各种病变，最终危及生命。人们把自然环境条件改变的现象称为环境异常。

### 臭氧层破坏

臭氧是大气中的微量元素，是一种具有微腥臭、浅蓝色的气体。臭氧主要密集在离地面20至25千米的平流层内，从而形成臭氧层。臭氧层阻挡了太阳99%的紫外线辐射，保护地球上的生灵万物。臭氧层浓度每减少1%，太阳紫外线辐射增加2%，皮肤癌就会增加7%。目前有科学数据证明，由于人类活动的影响，臭氧层正受到严重破坏。

### 土地荒漠化

荒漠化是指在干旱、半干旱和某些半湿润、湿润地区，由于气候变化和人类活动等各种因素所造成的土地退化。它使土地生物和经济生产潜力减少，甚至基本丧失。土地荒漠化是自然因素和人为活动综合作用的结果。荒漠化的主要影响是土地生产力的下降和随之而来的农牧业减产。

## 小知识大视野

环境效应：主要有生物效应、环境化学效应、环境物理效应三种。生物效应是环境诸要素变化而导致生态系统变化的效果；环境化学效应是在环境条件的影响下，物质之间的化学反应所引起的环境效果；环境物理效应是物理作用引起的环境效果，如噪声、振动、地面下沉等。

## 地球环境保护

### 水土流失治理

目前我国水土流失面积达150万平方千米，平均每年流失约50亿吨土壤，尤以黄土高原水土流失最为严重。因此，防止水土流失、开展水土保持工作在我国具有特别重大的意义。

### 污水处理厂

从污染源排出的污水，因含污染物总量或浓度较高，达不到排放标准要求或不适应环境容量要求，从而降低水环境质量和功能目标时，需经过人工强化处理的场所进行处理，这个场所就是污水处理厂，又称污水处理站。

### 森林的保护

长期以来，人类对森林无节制地砍伐，加上战争和自然灾害，使世界森林横遭破坏，其面积由800万平方千米锐减为现在的280万平方千米，而且森林面积目前正以每年20万平方千米的数量消失。挽救森林，就是挽救人类。

我国于1984年颁布了《森林法》，1987年国务院环境保护委员会发布了《中国自然保护纲要》，对林区采取了禁伐措施。此后人工造林面积逐年增加，2010年森林覆盖率达到20%。

### 防护林体系

我国有许多防护林体系，最大的是"三北"防护林体系。所谓"三北"是指东北、华北、西北，共涉及12个省、市、自治区的466个县，总面积389万平方千米，约占我国陆地总面积的40.5％。

防护林体系建设在保护好现有森林植被的基础上，大力开展造林育林，采取人工造林、飞机播种造林、封山封沙育林育草等多种途径，有计划、有步骤地营造防风固沙林、水土保持林、牧场防护林、水源涵养林，以及薪炭林、经济林、用材林多林种相结合，实行乔木、灌木、草本植物相结合，林带、林网、片林相结合，农林牧协调发展的防护林体系。

## 发展植物园

　　植物园是保存植物，特别是保存濒危植物的好地方。植物园集中种植各种草木花卉，是活的植物标本馆，是植物科研和科普教育的基地。

　　植物园分综合、专科两大类。世界现有高等植物近30万种，未知的种类更多，要建立无所不包的大型综合植物园是不可能的。新建的植物园多以专科为主，以求专、深，老的植物园也在原有的综合性的基础上，有所侧重。

　　我国多数植物园收集有2000至3000种植物，其中上海植物园保存的植物最多，达5000多种。大多数植物园建在城市近郊，植被覆盖极高，模仿自然生态环境，也成为人们良好的旅游地。

### 垃圾分类

　　将垃圾按可回收再使用和不可回收再使用的分类法称为垃圾分类。人类每日都会产生大量的垃圾，大量的垃圾未经分类回收再使用并任意弃置会造成环境污染。

　　现今我国的生活垃圾一般可分为四大类：可回收垃圾、厨余垃圾、有害垃圾和其他垃圾。垃圾分类收集可以减少垃圾处理量和处理设备，降低处理成本，减少土地资源的消耗，具有社会、经济、生态三方面的效益。

## 垃圾处理

　　垃圾是人类日常生活和生产中产生的固体废弃物，由于排出量大，成分复杂多样，给处理和利用带来困难，如不能及时处理或处理不当，就会污染环境，影响环境卫生。垃圾处理就是要把垃圾迅速清除，并进行无害化处理，最后加以合理地利用。目前的垃圾处理方法主要有：综合利用、卫生填埋、焚烧发电、堆肥和资源返还等。目的是无害化、资源化和减量化。

### 低碳环保生活

两百多年来，随着工业化进程的深入与发展，大量温室气体，尤其是二氧化碳的排出，导致全球气温升高、气候发生变化。世界气象组织公布的《2011年全球气候状况》报告指出，近10年是有记录以来全球最热的10年。全球变暖使南极冰川开始融化，进而导致海平面升高。

低碳环保生活是一种新的生活理念，是指尽量减少生活所耗用的能量，从而减低二氧化碳的排放量，减少对大气的污染，减缓生态恶化。主要是从节电节气和回收三个环节来改变生活细节。

### 有机食品

指来自有机农业生产体系，根据有机农业生产的规范生产加工，并经独立的认证机构认证的农产品及其加工产品。绿色食品是我国政府主推的一个认证农产品，有绿色AA级和A级之分，而其AA级的生产标准基本上等同于有机农业标准。

绿色食品是普通耕作方式生产的农产品向有机食品过渡的一种食品形式。

有机食品是食品行业的最高标准。目前经认证的有机食品主要包括一般的有机农作物产品、有机茶产品、有机食用菌产品、有机畜禽产品、有机水产品、有机蜂产品、有机奶粉采集的野生产品以及用上述产品为原料的加工产品。

### 节能减排

定义有广义和狭义之分。广义而言，节能减排是指节约物质资源和能量资源，减少废弃物和环境有害物，包括"三废"和噪声等的排放；狭义而言，节能减排是指节约能源和减少环境有害物排放。

我国的节能是加强用能管理，采取技术上可行、经济上合理以及环境和社会可以承受的措施，从能源生产到消费的各个环节，降低消耗、减少损失和污染物的排放、制止浪费，有效、合理地利用能源。

### 乙醇汽油

乙醇，俗称酒精，乙醇汽油是一种由粮食及各种植物纤维加工成的燃料乙醇和普通汽油按一定比例混配形成的新型替代能源。按照我国的标准，乙醇汽油是用90%的普通汽油与10%的燃料乙醇调和而成。

乙醇可以有效改善油品的性能和质量，降低一氧化碳、碳氢化合物等主要污染物排放。

但是近年来的实践证明，它也有过度消耗粮食，与人争食的不良后果。这在人口不断增加，粮食日趋紧缺的今天，是一个应该重视的问题。

### 太阳能汽车

相比传统热机驱动的汽车，太阳能汽车是真正的零排放。正因为其环保的特点，太阳能汽车被诸多国家所提倡，太阳能汽车产业的发展也日益蓬勃。

太阳能发电在汽车上的应用，将能够有效降低全球环境污染，创造洁净的生活环境。随着全球经济和科学技术的飞速发展，太阳能汽车作为一个产业已经不是一个神话。但在目前，由于技术限制，对太阳能的利用效率还不能完全满足汽车动力的需求，这限制了太阳能汽车的发展。

### 燃料电池

一种将存在于燃料与氧化剂中的化学能直接转化为电能的发电装置。燃料和空气分别送进燃料电池，电就被奇妙地生产出来。它从外表上看有正负极和电解质等，像一个蓄电池，但实质上它不能"储电"而是一个"发电厂"。其有害气体及噪音排放都很低，二氧化碳排放因能量转换效率高而大幅度降低，无机械振动。当前已被用于汽车驱动力。

### 环保袋

环保袋应该有两方面的特点：一方面就是用天然材料做成的可以重复利用；另一方面是坏了以后不会在自然环境中残留固体废物对环境造成危害。一般的塑料袋丢弃在环境中很难降解，即使有少部分分解之后也会产生有害物质。

我国每年都要消耗大量的塑料购物袋。塑料购物袋在为消费者提供便利的同时，由于过量使用及回收处理不到位等原因，也造成了严重的能源资源浪费和环境污染。特别是超薄塑料购物袋容易破损，大多被随意丢弃，成为"白色污染"的主要来源。

### 地球一小时

世界自然基金会在2007年向全球发出的一项倡议，呼吁个人、社区、企业和政府在每年3月份的最后一个星期六熄灯一小时，以此来激发人们对保护地球的责任感，以及对气候变化等环境问题的思考，表明对全球共同抵御气候变暖行动的支持和关注。

### 世界水日

为满足人们日常生活、商业和农业对水资源的需求，联合国长期以来致力于解决因水资源需求上升而引起的全球性水危机。

1993年1月18日，第四十七届联合国代表大会决议，每年的3月22日为"世界水日"。以此增强公众保护水资源意识，节约用水，不要让最后一滴水成为我们地球人懊悔的眼泪！

### 小知识大视野

对自然环境的保护：包括对青山、绿水、蓝天、大海的保护。不能私采滥伐树木、不能乱排污水乱放污气、不能过度放牧、不能过度开荒、不能过度开发自然资源、不能破坏自然界的生态平衡等。

# 生态环境保护

### 人与生物圈计划

生物圈保护区是按照地球上不同生物地理省建立的全球性的自然保护网。世界人与生物圈委员会把全世界分成193个生物地理省，从中选出各种类型的生态系统作为生物圈保护区。其目的是通过保护各种类型生态系统来保存生物遗传的多样性。

### 建立生态农场

生态农场是保护环境、发展农业的新模式。它遵循生态平衡规律，在持续利用的原则下开发利用农业自然资源，进行多层次、立体、循环利用的农业生产，使能量和物质流动在生态系统中形成良性循环。

### 退耕还林

退耕还林就是从保护和改善生态

环境出发，将易造成水土流失的坡耕地有计划、有步骤地停止耕种，本着宜乔则乔、宜灌则灌、宜草则草，乔灌草结合的原则，因地制宜地造林种草，恢复林草植被。退耕还林地是指水土流失严重、产量低而不稳的坡耕地和沙化耕地。退耕还林工程建设包括两个方面的内容：一是坡耕地退耕还林，二是宜林荒山荒地造林。

退耕还林是我国实施西部开发战略的重要政策之一，其基本政策措施是"退耕还林，封山绿化，以粮代赈，个体承包"。

### 地衣的种植

地衣是真菌和光合生物之间稳定而又互利的联合体，真菌是主要成员。地衣对污染物十分敏感，被称为"毒气自动检测站"。全世界已描述的地衣有500多属，26000多种。从两极至赤道，由高山到平原，从森林到荒漠，到处都有地衣生长。

我国地衣资源相当丰富，人们食用和药用地衣的历史悠久。地衣营养价值较高，内含多种氨基酸、矿物质，并且钙含量之高是蔬菜中少见的。

## 生态效率

生态效率是生态资源满足人类需要的效率，它是产出与投入的比值。其中"产出"是指企业生产或经济体提供的产品和服务的价值；"投入"是指企业生产或经济体消耗的资源和能源及它们所造成的环境负荷。在生物学中，生态效率是指生态系统中各营养级生物对太阳能或其前一营养级生物所含能量的利用、转化效率，以能流线上不同点之间的比值来表示。生态效率一般分为两类：一类是本营养级与前一级相比；另一类是同一营养级内不同阶段间相比。

## 保护生物

地球是一切生物的共同家园。生物链是地球生态平衡的保障，人类也只是地球生物链中的一环。只有保护好生物，维持地球生态平衡，人类才能有可持续的家园。目前，一些种类的生物资源由于人类的过度开采和栖息环境的改变而日趋减少。为了永续利用，造福后代，各国政府正在采取有效措施保护生物资源的可持续发展。

### 保护野生植物

有一种植物消失了，以这种植物为食的昆虫就会消失。某种昆虫没有了，捕食这种昆虫的鸟类将会饿死；鸟类的死亡又会对其他动物产生影响。所以，大规模野生植物毁灭会引起一系列连锁反应，产生严重后果，所以保护野生植物是维护地球生态平衡的重要环节。

### 保护野生动物

《中华人民共和国野生动物保护法》规定珍贵、濒危的陆生水生野生动物和有益的或者有重要经济和科学研究价值的陆生野生动物受国家法律保护。所以滥食野生动物是违法行为。

保护野生动物就是保护人类自己。保护野生动物应该成为人们一种自觉的行为。

## 小知识大视野

对地球生物的保护：包括物种的保全、植物植被的养护、动物的回归、生物多样性、转基因的合理慎用，濒临灭绝生物的特殊保护、栖息地的扩大、人类与生物的和谐共处等。

图书在版编目（CIP）数据

自然万千变幻/李岩著. 一武汉:武汉大学出版社,2013.8(2023.6重印)
ISBN 978-7-307-11637-5

Ⅰ.自… Ⅱ.李… Ⅲ.①自然科学－青年读物　②自然科学－少年读物
Ⅳ.N49

中国版本图书馆 CIP 数据核字(2013)第 210644 号

责任编辑:刘延姣　　　　　责任校对:马　良　　　　　版式设计:大华文苑

出版发行:武汉大学出版社　（430072　武昌　珞珈山）
（电子邮箱:cbs22@ whu. edu. cn 网址:www. wdp. com. cn）
印刷:三河市燕春印务有限公司
开本:710×1000　1/16　　　印张:10　　　字数:156 千字
版次:2013 年 9 月第 1 版　　2023 年 6 月第 3 次印刷
ISBN 978-7-307-11637-5　　定价:48.00 元